10일에 완성하는

바빠
연산법
시리즈

징검다리 교육연구소, 최순미 지음

바쁜 빠른 3·4학년을 위한 덧셈

한 번에 잡자!

바빠

한 권으로
총정리!

- 덧셈의 기초
- 받아올림이 있는 덧셈
- 덧셈과 뺄셈의 관계

이지스에듀

지은이 징검다리 교육연구소, 최순미

징검다리 교육연구소는 바쁜 친구들을 위한 빠른 학습법을 연구하는 이지스에듀의 공부 연구소입니다. 아이들이 기계적으로 공부하지 않도록, 두뇌가 활성화되는 과학적 학습 설계가 적용된 책을 만듭니다.

최순미 선생님은 영역별 연산 훈련 교재로, 연산 시장에 새바람을 일으킨 ≪바쁜 5·6학년을 위한 빠른 연산법≫, ≪바쁜 3·4학년을 위한 빠른 연산법≫, ≪바쁜 1·2학년을 위한 빠른 연산법≫시리즈와 요즘 학교 시험 서술형을 누구나 쉽게 익힐 수 있는 ≪나 혼자 푼다! 수학 문장제≫ 시리즈를 집필한 저자입니다. 또한, 20년이 넘는 기간 동안 EBS, 디딤돌 등과 함께 100여 종이 넘는 교재 개발에 참여해 온, 초등 수학 전문 개발자입니다.

바쁜 친구들이 즐거워지는 빠른 학습법 – 바빠 연산법 시리즈(개정판)

바쁜 3, 4학년을 위한 빠른 덧셈

초판 발행 2021년 9월 15일
          (2014년 7월에 출간된 책을 새 교육과정에 맞춰 개정했습니다.)
초판 4쇄 2024년 8월 30일
지은이 징검다리 교육연구소, 최순미
발행인 이지연
펴낸곳 이지스퍼블리싱(주)
출판사 등록번호 제313-2010-123호
주소 서울시 마포구 잔다리로 109 이지스 빌딩 5층(우편번호 04003)
대표전화 02-325-1722   팩스 02-326-1723
이지스퍼블리싱 홈페이지 www.easyspub.com   이지스에듀 카페 www.easysedu.co.kr
바빠 아지트 블로그 blog.naver.com/easyspub   인스타그램 @easys_edu
페이스북 www.facebook.com/easyspub2014   이메일 service@easyspub.co.kr

본부장 조은미   기획 및 책임 편집 김현주 | 박지연, 정지연, 이지혜   교정 교열 김민경
표지 및 내지 디자인 정우영   그림 김학수   전산편집 이츠북스   인쇄 보광문화사
영업 및 문의 이주동, 김요한(support@easyspub.co.kr)   마케팅 라혜주   독자 지원 박애림, 김수경

ISBN 979-11-6303-283-0 64410
ISBN 979-11-6303-253-3(세트)
가격 9,800원

1. 바빠 공부단 카페	2. 인스타그램	3. 카카오 플러스 친구
cafe.naver.com/easyispub	@easys_edu	이지스에듀 검색!

• **이지스에듀**는 이지스퍼블리싱의 교육 브랜드입니다.
  (이지스에듀는 아이들을 탈락시키지 않고 모두 목적지까지 데려가는 책을 만듭니다!)

"펑펑 쏟아져야 눈이 쌓이듯, 공부도 집중해야 실력이 쌓인다."

교과서 집필 교수, 영재교육 연구소, 수학 전문학원, 명강사들이 적극 추천하는 '바빠 연산법'

같은 영역끼리 모아서 집중적으로 연습하면 개념을 스스로 이해하고 정리할 수 있습니다. 이 책으로 공부하는 아이들이라면 수학을 즐겁게 공부하는 모습을 볼 수 있을 것입니다.

김진호 교수(초등 수학 교과서 집필진)

'바빠 연산법' 시리즈는 수학적 사고 과정을 온전하게 통과하도록 친절하게 안내하는 길잡이입니다. 이 책을 끝낸 학생의 연필 끝에는 연산의 정확성과 속도가 장착되어 있을 거예요!

호사라 박사(분당 영재사랑 교육연구소)

단순 반복 계산이 아닌 이해를 바탕으로 스스로 생각하는 힘을 길러 주는 연산 책입니다. 수학의 자신감을 키워 줄 뿐 아니라 심화·사고력 학습에도 도움을 줄 것입니다.

박지현 원장(대치동 현수학학원)

고학년의 연산은 기초 연산 능력에 비례합니다. 기초 연산을 총정리하면서 빈틈을 찾아서 메꾸는 3·4학년용 교재를 기다려왔습니다. '바빠 연산법'이 짧은 시간 안에 연산 실력을 완성하는 데 도움이 될 것입니다.

김종명 원장(분당 GTG수학 본원)

단계별 연산 책은 많은데, 한 가지 연산만 집중하여 연습할 수 있는 책은 없어서 아쉬웠어요. 고학년이 되기 전에 사칙연산에 대한 총정리가 필요했는데 이 책이 안성맞춤이네요.

정경이 원장(하늘교육 문래학원)

아이들을 공부 기계로 보지 않는 책, 그래서 단순 반복은 없지요. 쉬운 내용은 압축, 어려운 내용은 충분히 연습하도록 구성해 학습 효율을 높인 '바빠 연산법'을 적극 추천합니다.

한정우 원장(일산 잇츠수학)

수학 공부라는 산을 정상까지 오른다는 점은 같지만, 어떻게 오르느냐에 따라 걸리는 노력과 시간에도 큰 차이가 있죠. 수학이라는 산에 가장 빠르고 쉽게 오르도록 도와줄 책입니다.

김민경 원장(더원수학)

빠르게, 하지만 충실하게 연산의 이해와 연습이 가능한 교재입니다. 수학이 어렵다고 느끼지만 어디부터 시작해야 할지 모르는 학생들에게 '바빠 연산법'을 추천합니다.

남신혜 선생(서울 아카데미)

취약한 연산만 빠르게 보강하세요!

덧셈과 뺄셈을 잘해야 곱셈과 나눗셈도 잘할 수 있어요.

**수학 실력을
좌우하는 첫걸음,
덧셈과 뺄셈**

초등 수학의 80%는 연산으로 그 비중이 매우 높습니다. 그런데 수학 문제를 풀 때 기초 계산이 느리면 문제를 풀 때마다 두뇌는 쉽게 피로를 느끼게 됩니다. 그래서 수학은 사칙연산부터 완벽하게 끝내야 합니다. 연산이 능숙하지 않은데 진도만 나가는 것은 모래 위에 성을 쌓는 것과 같습니다. 연산 중에서도 가장 기본이 되는 덧셈과 뺄셈은 그냥 할 줄 아는 정도가 아니라 아주 숙달되어야 합니다. 덧셈과 뺄셈이 수학 실력을 좌우하는 첫걸음이 되기 때문입니다.

**"사고력을
키운다고 해서
연산 능력이 저절로
키워지지는 않는다!"**

학원에 다니는 상위 1% 학생도 계산력이 부족하면 진도와는 별도로 연산이 완벽해지도록 훈련을 시킵니다.
수학 경시대회 1등 한 학생을 지도한 원장님조차도 "연산 능력은 수학 진도를 선행한다거나, 사고력을 키운다고 해서 저절로 해결되지 않습니다. 계산 능력에 관한 한, 무조건 훈련 또 훈련을 반복해서 숙달되어야 합니다. 연산이 먼저 해결되어야 문제 해결력을 높일 수 있거든요."(성균관대 수학경시 대상 수상 학생을 지도한 최정규 원장)라고 말합니다.
덧셈과 뺄셈이 흔들리면 곱셈과 나눗셈도 느려집니다. 안 되는 연산에 집중해서 시간을 투자해 보세요.

구슬을 꿰어 목걸이를 만들 듯, 여러 학년에서 흩어져서 배운 연산 총정리!

또한, 한 연산 안에서 체계적인 학습이 진행되어야 합니다. 예를 들어 덧셈을 할 때 받아올림이 없는 덧셈도 능숙하지 않은데, 받아올림이 있는 덧셈을 연습하면 연산이 아주 힘들게 느껴질 수밖에 없습니다.

초등 교과서는 '수와 연산', '도형', '측정', '확률과 통계', '규칙성'의 5가지 영역을 배웁니다. 자기 학년의 수학 과정을 공부하는 것도 중요하지만, 연산을 먼저 챙기는 것이 가장 중요합니다. 연산은 나머지 수학 분야에 영향을 미치니까요.

4학년 수학을 못한다고 1학년부터 3학년 수학 교과서를 모두 다시 봐야 할까요? 무작정 수학 전체를 복습하는 것은 비효율적입니다. 취약한 연산부터 집중하여 해결하는 게 필요합니다. 띄엄띄엄 배워 잊어먹었던 지식이 구슬이 꿰어지듯, 하나로 엮이면서 사고력도 강화되고, 배운 연산을 기초로 다음 연산으로 이어지니 막힘없이 수학을 풀어나갈 수 있습니다.

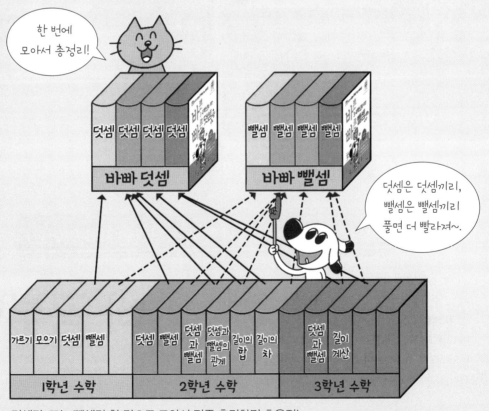

덧셈만, 또는 뺄셈만 한 권으로 모아서 집중 훈련하면 효율적!

**펑펑 쏟아져야
눈이 쌓이듯,
공부도 집중해야
실력이 쌓인다!**

눈이 쌓이는 걸 본 적이 있나요? 눈이 오다 말면 모두 녹아 버리지만, 펑펑 쏟아지면 차곡차곡 바닥에 쌓입니다. 공부도 마찬가지입니다. 며칠에 한 단계씩, 찔끔찔끔 공부하면 배운 게 쌓이지 않고 눈처럼 녹아 버립니다. 집중해서 펑펑 공부해야 실력이 차곡차곡 쌓입니다.

'바빠 연산법' 시리즈는 한 권에 24단계씩 모두 4권으로 구성되어 있습니다. 몇 달에 걸쳐 푸는 것보다 하루에 1~2단계씩 10~20일 안에 푸는 것이 효율적입니다. 집중해서 공부하면 전체 맥락을 쉽게 이해할 수 있어서 한 권을 모두 푸는 데 드는 시간도 줄어들 것입니다. 어느 '하나'에 단기간 몰입하여 익히면 그것에 통달하게 되거든요.

1주일에 한 번씩 공부했더니 다 녹아 버렸네?

날마다 30분씩 연산을 공부했더니 이렇게 쌓였어!

10~20일 안에 풀면 한 권을 푸는 데 드는 시간도 줄어듭니다.

바빠 공부단 카페에서 함께 공부하면 재미있어요!

'바빠 공부단'(cafe.naver.com/easyispub) 카페 에서 함께 공부하세요~. 바빠 친구들의 공부를 도와주 는 '바빠쌤'의 조언을 들을 수 있어요. 책 한 권을 다 풀 면 다른 책 1권을 선물로 드리는 '바빠 공부단' 제도도 있답니다. 함께 공부하면 혼자 할 때보다 더 꾸준히 효율 적으로 공부할 수 있어요!

바빠 공부단
바쁜 친구들이 즐거워지는 빠른 학습법!
이지스에듀 우리는 아이들을 탈락시키지 않고 모두 목적지까지 데려가는 책을 만듭니다.

학원 선생님과 독자의 의견 덕분에 더 좋아졌어요!

'바빠 연산법'이 개정 교육과정을 반영해 새롭게 나왔습니다. 이번 판에서는 '바빠 연산법'을 이미 풀어 본 학생, 학부모, 학원 선생님들의 의견을 받아 학습 효과를 더욱 높였습니다. 이를 위해 학생이 직접 푼 교재 30여 권을 다시 수거해 아이들이 어떻게 풀었는지, 어느 부분에서 자주 틀렸는지 등의 실제 학습 패턴을 파악했습니다. 또한 아이의 학습을 어떻게 진행했는지 학부모, 학원 선생님들과 소통했습니다. 이렇게 독자 여러분의 생생한 의견을 종합해 '진짜 효과적인 방법', '직접 도움을 주는 방향'으로 구성했습니다.

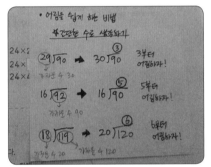

수학학원 원장님에게 받은 꿀팁 수록!

실제 독자가 푼 '바빠 연산법' 책을 통해 학습 패턴 파악!

✪ 우리 집에서도 진단 평가 후 맞춤 학습 가능!

집에서도 현재 아이의 학습 상태를 정확하게 진단하고, 맞춤형 학습 계획을 세우고 싶다는 학부모님의 의견을 반영하여, 수학 학원 원장님들이 자주 쓰는 진단 평가 방식을 적용했습니다. ▶▶ 13쪽

✪ 쉬운 부분은 빠르게 훑고, 어려운 내용은 더 많이 연습하는 탄력적 배치!

기계적으로 반복하는 연산 문제는 풀기 싫어한다는 의견을 적극 반영하여, 간단한 연습만으로도 충분한 단계는 3쪽으로, 더 많은 연습이 필요한 단계는 4쪽, 5쪽으로 확대하여 더욱 탄력적으로 구성했습니다. 기계적인 반복 훈련을 배제하여 같은 시간을 들여도 더 효율적으로 공부할 수 있습니다.

'바빠 연산법'의
구성과 특징

선생님이 바로 옆에 계신 듯한 설명

무조건 풀지 않는다!
개념을 보고 '느낌 알면서~.'

개념을 바르게 이해하지 못한 채 생각 없이 문제만 풀다 보면 어느 순간 벽에 부딪힐 수 있어요. 기초 체력을 키우려면 영양소를 골고루 섭취해야 하듯, 연산도 훈련 과정에서 개념과 원리를 함께 접해야 기초를 건강하게 다질 수 있답니다.

오호! 제목만 읽어도 개념이 쏙쏙~.

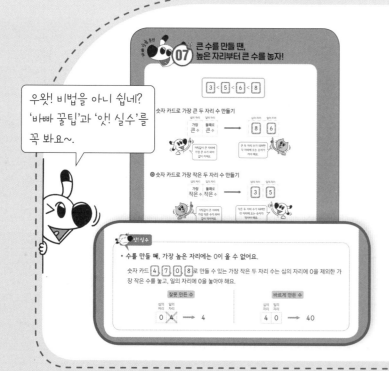

우왓! 비법을 아니 쉽네? '바빠 꿀팁'과 '앗! 실수'를 꼭 봐요~.

책 속의 선생님!
'바빠 꿀팁'과 '앗! 실수'로
선생님과 함께 푼다!

수학 전문학원 원장님들의 의견을 받아 책 곳곳에 친절한 도움말을 담았어요. 문제를 풀 때 알아두면 좋은 '바빠 꿀팁'부터 실수를 줄여 주는 '앗! 실수'까지! 혼자 푸는데도 선생님이 옆에 있는 것 같아요!

종합 선물 같은 훈련 문제

실력을 쌓아 주는
바빠의 '작은 발걸음' 방식!

쉬운 내용은 빠르게 학습하고, 어려운 부분은 더 많이 훈련하도록 구성해 학습 효율을 높였어요. 또한 조금씩 수준을 높여 도전하는 바빠의 '작은 발걸음 방식(small step)'으로 몰입도를 높였어요.

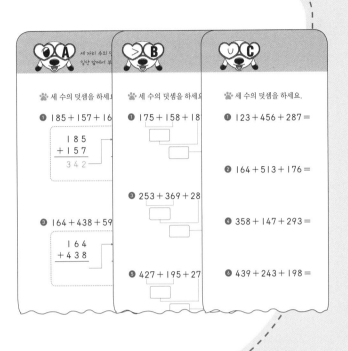

느닷없이 어려워지지 않으니 끝까지 풀 수 있어요~.

다양한 문제로 이해하고, 내 것으로 만드니 자신감이 저절로!

단순 계산력 문제만 연습하고 끝나지 않아요. 쉬운 생활 속 문장제와 사고력 문제를 완성하며 개념을 정리하고, 한 마당이 끝날 때마다 섞어서 연습하고, 게임처럼 즐겁게 마무리하는 종합 문제까지!

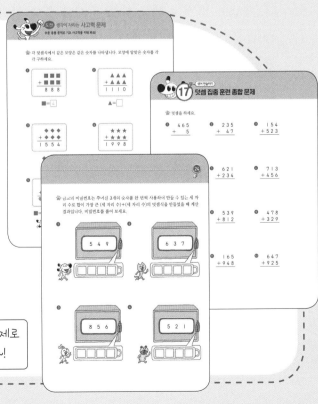

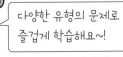

다양한 유형의 문제로 즐겁게 학습해요~!

3·4학년 바빠 연산법, 집에서 이렇게 활용하세요!

'바빠 연산법 3·4학년' 시리즈는 고학년이 되기 전, 기본적으로 완성해야 하는 자연수의 사칙연산을 영역별로 한 권씩 정리할 수 있는 영역별 연산 시리즈입니다. 각 책은 총 24 단계, 각 단계마다 20분 내외로 풀도록 구성되어 있습니다.

✪ 전반적으로 수학이 어려운 학생이라면?

'바빠 연산법'의 '덧셈 → 뺄셈 → 곱셈 → 나눗셈' 순서로 개념부터 공부하기를 권합니다. 개념을 먼저 이해한 다음 문제를 풀면 연산의 재미와 성취감을 느끼게 될 거예요. 그런 다음, 내가 틀린 문제는 연습장에 따로 적어 한 번 더 반복해서 풀어 보세요. 수학에 자신감이 생길 거예요.

✪ '뺄셈이 어려워', '나눗셈이 약해' 특정 영역이 자신 없다면?

뺄셈을 못한다면 '뺄셈'부터, 곱셈이 불안하다면 '곱셈'부터 시작하세요. 단, 나눗셈이 약한 친구들은 다시 생각해 보세요. 나눗셈이 서툴다면 곱셈이 약해서 나눗셈까지 흔들렸을지도 몰라요. 먼저 '곱셈'으로 곱셈의 속도와 정확도를 높인 후 '나눗셈'으로 총정리를 하세요.

▶ '분수'가 어렵다면? 분수의 기초를 다질 수 있는 '바쁜 3·4학년을 위한 빠른 분수'도 있습니다.

바빠 수학,
학원에서는 이렇게 활용해요!

도움말: 더원수학 김민경 원장(네이버 '바빠 공부단 카페' 바빠쌤)

☆ 학습 결손 해결, 1:1 맞춤 보충 교재는? '바빠 연산법'

'바빠 연산법은' 영역별로 집중 훈련하도록 구성되어, 학생별
1:1 맞춤 수업 교재로 사용합니다. 분수가 부족한 학생은 분
수로 빠르게 결손을 보강하고, 기초 연산 실력이 부족한 친구
들은 덧셈, 뺄셈, 곱셈, 나눗셈 등 기본 연산부터 훈련합니다.
부족한 부분만 핀셋으로 콕! 집듯이 공부할 수 있어 좋아요!
숙제나 보충 교재로 활용한다면 기존 수업 방식에 큰 변화 없
이도 부족한 연산 결손을 보강할 수 있어 활용도가 높습니다.

☆ 다음 학기 선행은? '바빠 교과서 연산'

'바빠 교과서 연산'은 학기 중 진도 따라 풀어도 좋은 책입니
다. 그리고 방학 동안 다음 학기 선행을 준비할 때도 큰 도움
이 됩니다. 일단 쉽기 때문입니다. 교과서 순서대로 빠르게
공부할 수 있어 짧은 방학 동안 부담 없이 학습할 수 있습니
다. 첫 번째 교과 수학 선행 책으로 추천합니다.

☆ 서술형 대비는? '나 혼자 푼다! 수학 문장제'

연산 영역을 보강한 학생 중 서술형을 어려워하는 학생은 마
지막에 꼭 '나 혼자 푼다! 수학 문장제'를 추가로 수업합니다.
학교 교과 수준의 어렵지도 쉽지도 않은 딱 적당한 난이도라,
공부하기 좋아요. 다양한 꿀팁과 친절한 설명이 담겨 있는 시
리즈로, 학생 혼자서도 충분히 풀 수 있어 숙제로 내주기도
합니다.

바쁜 3·4학년을 위한 빠른 덧셈

진단 평가

'차근차근 문제를 풀어 더 정확하게 확인하겠다!'면 20문항을 모두 풀고,
'빠르게 확인하고 계획을 세울 자신이 있다!'면 짝수 문항만 풀어 보세요.

내 실력은 어느 정도일까?

진단할 시간이 부족하다면?

10분 진단

5분 진단

짝수 문항만
풀어 보세요~.

평가 문항: **20문항**

평가 문항: **10문항**

3학년은 풀지 않아도 됩니다.

➔ 바로 20일 진도로 진행!

학원이나 공부방 등에서
진단 시간이 부족할 때 사용!

⏱ 시계가 준비 됐나요?
자! 이제, 제시된 시간 안에 진단 평가를 풀어 본 후
16쪽의 '권장 진도표'를 참고하여 공부 계획을 세워 보세요.

덧셈 진단 평가

🐾 덧셈을 하세요.

①
$$\begin{array}{r} 3\ 6 \\ +\ 4\ 2 \\ \hline \end{array}$$

②
$$\begin{array}{r} 7\ 4 \\ +\ \ \ 8 \\ \hline \end{array}$$

③
$$\begin{array}{r} 2\ 7 \\ +\ 3\ 9 \\ \hline \end{array}$$

④
$$\begin{array}{r} 6\ 3 \\ +\ 7\ 5 \\ \hline \end{array}$$

⑤
$$\begin{array}{r} 1\ 6\ 2 \\ +\ 7\ 2\ 5 \\ \hline \end{array}$$

⑥
$$\begin{array}{r} 6\ 2\ 9 \\ +\ 5\ 4\ 8 \\ \hline \end{array}$$

⑦
$$\begin{array}{r} 2\ 5\ 7 \\ +\ 1\ 3\ 4 \\ \hline \end{array}$$

⑧
$$\begin{array}{r} 3\ 8\ 6 \\ +\ 4\ 1\ 9 \\ \hline \end{array}$$

🐾 ☐ 안에 알맞은 수를 써넣으세요.

⑨
$$\begin{array}{r} \boxed{}\ 4 \\ +\ 5\ 6 \\ \hline 1\ 0\ 0 \end{array}$$

⑩
$$\begin{array}{r} \boxed{}\ 7 \\ +\ 3\ 5 \\ \hline 7\ \boxed{} \end{array}$$

🐾 덧셈을 하세요.

⑪
$$\begin{array}{r} 2\,7\,5\,4 \\ +\,2\,1\,3\,2 \\ \hline \end{array}$$

⑫
$$\begin{array}{r} 3\,4\,6\,1 \\ +\,1\,5\,1\,8 \\ \hline \end{array}$$

⑬
$$\begin{array}{r} 1\,7\,2\,1 \\ +\,5\,6\,3\,6 \\ \hline \end{array}$$

⑭
$$\begin{array}{r} 4\,3\,2\,6 \\ +\,3\,4\,9\,5 \\ \hline \end{array}$$

⑮ $5412 + 1256 =$

⑯ $2547 + 2613 =$

⑰ $374 + 168 + 279 =$

⑱ $264 + 152 + 136 =$

🐾 ☐ 안에 알맞은 수를 써넣으세요.

⑲
$$\begin{array}{r} 2\ \square\ 4 \\ +\ 6\ 5\ 6 \\ \hline \square\ 0\ \square \end{array}$$

⑳
$$\begin{array}{r} 4\ 7\ \square \\ +\ 1\ \square\ 6 \\ \hline \square\ 5\ 1 \end{array}$$

나만의 공부 계획을 세워 보자

- 다 맞았어요! → 예 → **10일 진도표**로 공부하면서 푸는 속도를 높여 보자!
- 아니요 ↓
- 1~4번을 못 풀었어요. → 예 → **'바쁜 1·2학년을 위한 덧셈'**을 먼저 풀고 다시 도전!
- 아니요 ↓
- 5~16번에 틀린 문제가 있어요. → 예 → 첫째 마당부터 차근차근 풀어 보자! **20일 진도표**로 공부 계획을 세워 보자!
- 아니요 ↓
- 17~20번에 틀린 문제가 있어요. → 예 → 단기간에 끝내는 **10일 진도표**로 공부 계획을 세워 보자!

권장 진도표

★	20일 진도	10일 진도
1일	01 ~ 03	01 ~ 03
2일	04 ~ 05	04 ~ 05
3일	06 ~ 07	06 ~ 08
4일	08	09 ~ 10
5일	09	11 ~ 13
6일	10	14 ~ 15
7일	11	16 ~ 17
8일	12	18 ~ 19
9일	13	20 ~ 22
10일	14	23 ~ 24
11일	15	
12일	16	
13일	17	
14일	18	
15일	19	
16일	20	
17일	21	
18일	22	
19일	23	
20일	24	

진단 평가 정답

❶ 78　② 82　❸ 66　④ 138　❺ 887　⑥ 1177
❼ 391　⑧ 805　❾ 4　⑩ (왼쪽부터) 3, 2　⓫ 4886　⑫ 4979
⓭ 7357　⑭ 7821　⓯ 6668　⑯ 5160　⓱ 821　⑱ 552
⓳ (왼쪽부터) 9, 4, 0　⑳ (왼쪽부터) 6, 7, 5

첫째 마당

덧셈 기초 훈련

첫째 마당은 2학년 때 배운 덧셈 실력을 점검하는 시간이에요. 빠른 속도로 정확한 답을 구할 수 있는 실력을 갖추기 위해서는 두 자리 수 덧셈 연습이 필요해요. 자, 그럼 덧셈 기초 훈련 시작!

	공부할 내용!	완료	10일 진도	20일 진도
01	두 자리 수의 덧셈은 어렵지 않지~	✔		
02	받아올림이 있어도 문제 없어~	☐	1일차	1일차
03	받아올림이 2번 있어도 똑같이 계산해	☐		
04	세 수의 덧셈은 순서를 바꿔도 돼	☐	2일차	2일차
05	실력이 쑥쑥 커지는 빈칸 채우기	☐		
06	다양한 표현으로 푸는 덧셈	☐		3일차
07	큰 수를 만들 때, 높은 자리부터 큰 수를 놓자!	☐	3일차	
08	덧셈 기초 훈련 종합 문제	☐		4일차

☆ 받아올림이 없는 (몇십)+(몇십)

☆ 받아올림이 없는 (두 자리 수)+(두 자리 수)

• 세로로 계산하기

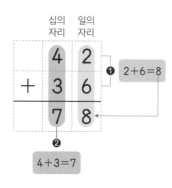

• 가로로 계산하기

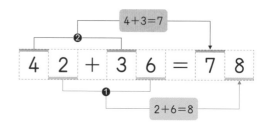

🐾 덧셈을 하세요.

①
$$\begin{array}{r} 3\ 0 \\ +\quad 7 \\ \hline 3\ 7 \end{array}$$
❶ 0+7=7

②
$$\begin{array}{r} 6\ 3 \\ +\quad 6 \\ \hline \end{array}$$

③
$$\begin{array}{r} 8\ 4 \\ +\quad 3 \\ \hline \end{array}$$

④
$$\begin{array}{r} 5\ 0 \\ +3\ 0 \\ \hline 8\ 0 \end{array}$$

⑤
$$\begin{array}{r} 4\ 0 \\ +2\ 0 \\ \hline \end{array}$$

⑥
$$\begin{array}{r} 2\ 0 \\ +3\ 0 \\ \hline \end{array}$$

⑦
$$\begin{array}{r} 1\ 3 \\ +3\ 4 \\ \hline \end{array}$$
❶ 3+4=7
❷ 1+3=4

⑧
$$\begin{array}{r} 5\ 3 \\ +2\ 2 \\ \hline \end{array}$$

⑨
$$\begin{array}{r} 7\ 2 \\ +2\ 4 \\ \hline \end{array}$$

⑩
$$\begin{array}{r} 1\ 6 \\ +5\ 2 \\ \hline \end{array}$$

⑪
$$\begin{array}{r} 3\ 6 \\ +5\ 1 \\ \hline \end{array}$$

⑫
$$\begin{array}{r} 8\ 3 \\ +1\ 5 \\ \hline \end{array}$$

⑬
$$\begin{array}{r} 2\ 5 \\ +2\ 4 \\ \hline \end{array}$$

⑭
$$\begin{array}{r} 4\ 3 \\ +3\ 2 \\ \hline \end{array}$$

⑮
$$\begin{array}{r} 3\ 2 \\ +6\ 7 \\ \hline \end{array}$$

🐾 덧셈을 하세요.

① 　 1 5
　 + 1 2

② 　 2 4
　 + 3 4

③ 　 3 2
　 + 2 4

④ 　 4 1
　 + 3 8

⑤ 　 5 3
　 + 1 4

⑥ 　 1 3
　 + 4 5

⑦ 　 3 2
　 + 3 2

⑧ 　 2 4
　 + 4 5

⑨ 　 6 1
　 + 2 6

⑩ 24 + 25 =

⑪ 42 + 47 =

⑫ 34 + 51 =

⑬ 15 + 31 =

⑭ 72 + 16 =

⑮ 53 + 42 =

🐾 다음 문장을 읽고 문제를 풀어 보세요.

① 민지네 반 남학생은 15명, 여학생은 12명입니다. 민지네 반 학생은 모두 몇 명일까요?

_____

② 경수는 딸기맛 사탕 23개, 포도맛 사탕 16개를 샀습니다. 경수가 산 딸기맛과 포도맛 사탕은 모두 몇 개일까요?

_____

딸기맛 사탕
23개

포도맛 사탕
16개

③ 노란색 색종이 15장, 초록색 색종이 54장이 있습니다. 노란색과 초록색 색종이는 모두 몇 장일까요?

_____

④ 파란색 끈의 길이는 26 cm, 빨간색 끈의 길이는 32 cm 입니다. 파란색 끈과 빨간색 끈을 겹치지 않게 이어 붙이면 몇 cm가 될까요?

_____

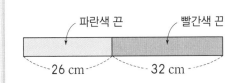

파란색 끈   빨간색 끈

26 cm   32 cm

속닥속닥

④ 끈 2개를 겹치지 않게 이어 붙인 길이는 끈 2개의 길이의 합과 같아요.

☆ 일의 자리에서 받아올림이 있는 (두 자리 수)+(두 자리 수)

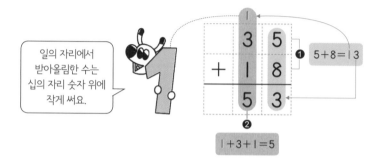

일의 자리에서 받아올림한 수는 십의 자리 숫자 위에 작게 써요.

❶ 5+8=13

❷ 1+3+1=5

❶ 일의 자리 수끼리의 합이 10이거나 10보다 크면
  ¹☐의 자리로 받아올림합니다.

❷ 십의 자리로 받아올림한 수 1은 십의 자리의 계산에서 더합니다.

☆ 십의 자리에서 받아올림이 있는 (두 자리 수)+(두 자리 수)

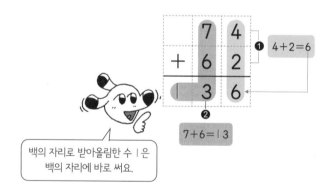

❶ 4+2=6

❷ 7+6=13

백의 자리로 받아올림한 수 1은 백의 자리에 바로 써요.

❶ 일의 자리 수끼리의 합을 구합니다.

❷ 십의 자리 수끼리의 합이 10이거나 10보다 크면
  ²☐의 자리로 받아올림합니다.

🐾 덧셈을 하세요.

①
```
    3 7
+     6
─────
    4 3
```
❶ 7+6=13
❷ 1+3=4

②
```
    5 9
+     4
─────
```

일의 자리에서
받아올림한 수는
십의 자리 숫자 위에
작게 써서 계산해요.

③
```
    1 9
+     9
─────
```

④
```
    3 5
+     5
─────
```

⑤
```
    8 8
+     8
─────
```

⑥
```
    1 7
+   2 5
─────
    4 2
```
❶ 7+5=12
❷ 1+1+2=4

⑦
```
    4 5
+   3 9
─────
```

⑧
```
    3 9
+   1 8
─────
```

⑨
```
    6 1
+   2 9
─────
```

⑩
```
    2 6
+   3 7
─────
```

⑪
```
    5 3
+   1 8
─────
```

🐾 덧셈을 하세요.

①
$$\begin{array}{r} 2\,0 \\ +\,8\,0 \\ \hline 1\,0\,0 \end{array}$$

②
$$\begin{array}{r} 1\,4 \\ +\,9\,0 \\ \hline \end{array}$$

③
$$\begin{array}{r} 4\,3 \\ +\,7\,4 \\ \hline \end{array}$$

④
$$\begin{array}{r} 5\,1 \\ +\,8\,4 \\ \hline \end{array}$$

⑤
$$\begin{array}{r} 2\,0 \\ +\,9\,3 \\ \hline \end{array}$$

⑥
$$\begin{array}{r} 7\,5 \\ +\,8\,3 \\ \hline \end{array}$$

⑦
$$\begin{array}{r} 3\,3 \\ +\,9\,4 \\ \hline \end{array}$$

⑧
$$\begin{array}{r} 8\,7 \\ +\,8\,2 \\ \hline \end{array}$$

⑨
$$\begin{array}{r} 6\,6 \\ +\,5\,1 \\ \hline \end{array}$$

⑩
$$\begin{array}{r} 4\,6 \\ +\,9\,3 \\ \hline \end{array}$$

⑪
$$\begin{array}{r} 5\,6 \\ +\,7\,2 \\ \hline \end{array}$$

도전! 생각이 자라는 사고력 문제

쉬운 응용 문제로 기초 사고력을 키워 봐요!

🐾 양쪽 두 식의 결과가 서로 같게 되도록 ⬜ 안에 알맞은 수를 써넣으세요.

두 식의 결과가 같다는 뜻이에요.

①

45+17

=

50+ 12

45+17을 먼저 계산하면
45+17=62이고,

50에서 62가 되려면
12를 더해야 해요.

②

36+29

=

50+⬜

36+29에서 30+20=50이고,
6+9=15가 되니까~.

50+15=65가 되겠다!

③

27+53

=

60+⬜

④

83+36

=

100+⬜

⑤

44+92

=

100+⬜

03 받아올림이 2번 있어도 똑같이 계산해

☆ 받아올림이 2번 있는 (두 자리 수)+(두 자리 수)

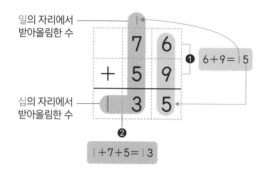

일의 자리에서
받아올림한 수

$6+9=15$ ❶

십의 자리에서
받아올림한 수

$1+7+5=13$ ❷

❶ 일의 자리에서 받아올림한 수는 십의 자리로 받아올림합니다.

❷ 십의 자리로 받아올림한 수 1은 십의 자리의 계산에서 더해 줍니다.

십의 자리에서 받아올림한 수는 $^1\boxed{}$의 자리로 받아올림합니다.

일의 자리에서
받아올림한 수는
십의 자리로!

십의 자리에서
받아올림한 수는
백의 자리로!

바빠 꿀팁!

• 받아올림한 수 1의 크기는 자리에 따라 나타내는 값이 서로 달라요.

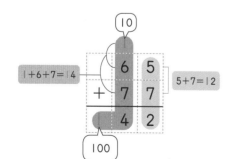

$1+6+7=14$

$5+7=12$

10

100

십의 자리로 받아올림한 1은 10을 나타내고,
백의 자리로 받아올림한 1은 100을 나타내요.

🐾 덧셈을 하세요.

①
```
    2 9
+   9 8
─────────
  1 2 7
```
❶ 9+8=17
❷ 1+2+9=12

②
```
    5 8
+   7 3
─────────
```

③
```
    6 8
+   5 9
─────────
```

④
```
    4 6
+   6 7
─────────
```

⑤
```
    7 6
+   7 4
─────────
```

⑥
```
    9 4
+   2 8
─────────
```

⑦
```
    7 6
+   2 8
─────────
```

⑧
```
    2 6
+   8 4
─────────
```

⑨
```
    8 5
+   6 6
─────────
```

⑩
```
    6 8
+   7 8
─────────
```

⑪
```
    4 7
+   8 5
─────────
```

⑫
```
    9 9
+   5 6
─────────
```

받아올림한 수는 항상 1이 될까요?
(한 자리 수)+(한 자리 수)의 결과 중 가장 큰 수는 9+9=18이므로
받아올림한 수는 항상 1이 돼요.

🐾 덧셈을 하세요.

①
```
   3 2
+  6 9
```

②
```
   5 3
+  6 7
```

③
```
   8 8
+  4 2
```

④
```
   9 3
+  5 9
```

⑤
```
   4 6
+  9 6
```

⑥
```
   7 9
+  5 5
```

⑦
```
   3 7
+  8 8
```

⑧
```
   5 7
+  6 6
```

⑨
```
   6 5
+  8 7
```

⑩
```
   7 7
+  9 9
```

🐾 다음 문장을 읽고 문제를 풀어 보세요.

❶ 교실에 동화책이 56권, 역사책이 44권 있습니다. 교실에 있는 동화책과 역사책은 모두 몇 권일까요?

_____

❷ 종이학을 현주는 39마리, 지영이는 83마리 접었습니다. 현주와 지영이가 접은 종이학은 모두 몇 마리일까요?

_____

❸ 도토리를 승하는 58개, 유호는 67개 주웠습니다. 승하와 유호가 주운 도토리는 모두 몇 개일까요?

_____

❹ 연우가 줄넘기를 어제는 68번, 오늘은 85번 넘었습니다. 연우가 어제와 오늘 넘은 줄넘기는 모두 몇 번일까요?

_____

04 세 수의 덧셈은 순서를 바꿔도 돼

☆ 18+26+37을 앞에서부터 차례로 계산하기

- 세로로 계산하기

❶
```
    1 8
  + 2 6
    4 4
```
❷
```
  → 4 4
  + 3 7
    8 1
```

- 가로로 계산하기

$$18+26+37=^1\boxed{}$$

❶ 44
❷ 81

☆ 18+26+37을 순서를 바꾸어 계산하기

- 뒤의 수를 먼저 계산하기

$$18+26+37=^2\boxed{}$$

❶ 63
❷ 81

- 앞의 수와 뒤의 수를 먼저 계산하기

$$18+26+37=^3\boxed{}$$

❶ 55
❷ 81

> 세 수의 덧셈은 더하는 순서를 바꾸어도 그 합은 같아요.

 바빠 꿀팁!

- 합이 몇십이 되는 두 수를 찾아 먼저 더하면 계산이 편리해요.

36+24=60

$$17+36+24=77$$

❶ 60
❷ 77

34+16=50

$$34+19+16=69$$

❶ 50
❷ 69

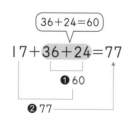
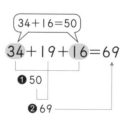

🐾 세 수의 덧셈을 하세요.

❶ 14 + 28 + 19 =

```
    1 4          4 2
  + 2 8        + 1 9
  ───── →      ─────
    4 2
```

앞의 두 수를 먼저 더하는
습관을 들여요~.

❷ 27 + 15 + 39 =

```
    2 7
  + 1 5    →    +
  ─────        ─────
```

❸ 36 + 17 + 28 =

```
    3 6
  + 1 7    →    +
  ─────        ─────
```

❹ 46 + 28 + 36 =

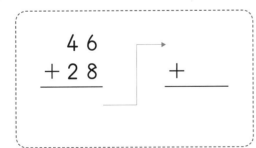

```
    4 6
  + 2 8    →    +
  ─────        ─────
```

❺ 55 + 29 + 78 =

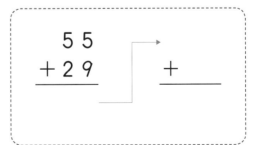

```
    5 5
  + 2 9    →    +
  ─────        ─────
```

무조건 앞의 두 수를 먼저 계산하지 않아도 돼요.
합이 몇십이 되는 계산을 먼저 하면 쉬워요.

🐾 세 수의 덧셈을 하세요.

❶ 18 + 21 + 39 =

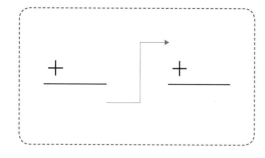

❷ 12 + 28 + 79 =

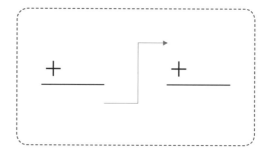

❸ 25 + 37 + 45 =

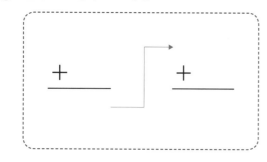

❹ 28 + 57 + 33 =

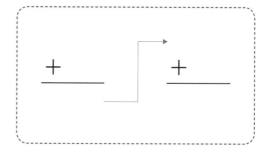

❺ 45 + 26 + 54 =

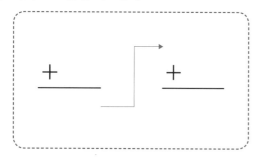

❻ 26 + 39 + 64 =

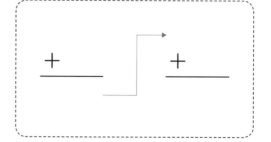

🐾 ⬜ 안에 세 수의 합을 써넣으세요.

1
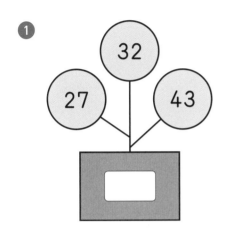

2
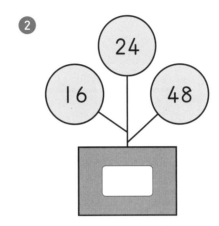

합이 몇십이 되는
두 수를 찾아서
먼저 더하면 쉬워~.

덧셈만 있는 식에서만
순서를 바꾸어 계산할 수 있어!

3
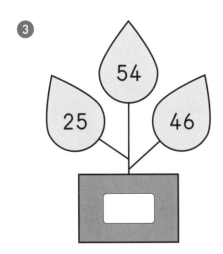

4
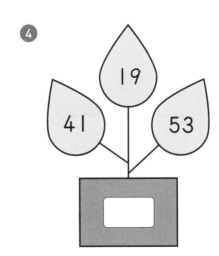

05 실력이 쑥쑥 커지는 빈칸 채우기

☆ 두 자리 수의 덧셈식에서 빈칸 채우기

• 일의 자리에 있는 ☐ 안의 수 구하기

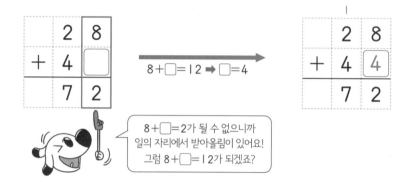

$8+\square=12 \Rightarrow \square=4$

8+☐가 2가 될 수 없으니까
일의 자리에서 받아올림이 있어요!
그럼 8+☐=12가 되겠죠?

• 십의 자리에 있는 ☐ 안의 수 구하기

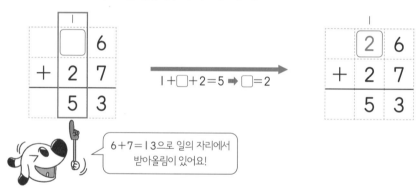

$1+\square+2=5 \Rightarrow \square=2$

6+7=13으로 일의 자리에서
받아올림이 있어요!

• 일의 자리와 십의 자리에 있는 ☐ 안의 수 구하기

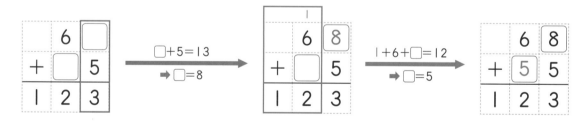

$\square+5=13$
$\Rightarrow \square=8$

$1+6+\square=12$
$\Rightarrow \square=5$

🐾 ☐ 안에 알맞은 수를 써넣으세요.

①
```
    1 3
  + 4 ☐
  ─────
    5 6
```
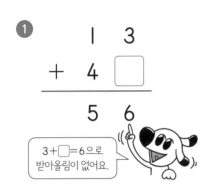

3+☐=6으로
받아올림이 없어요.

②
```
    2 ☐
  + 2 7
  ─────
    5 2
```

☐+7=12로
받아올림이 있어요.

③
```
    3 9
  + 1 ☐
  ─────
    5 6
```

④
```
    ☐ 4
  + 4 3
  ─────
    5 7
```

일의 자리 계산에서
받아올림이 없어요.

⑤
```
    1 5
  + ☐ 5
  ─────
    8 0
```

일의 자리 계산에서
받아올림이 있어요.

⑥
```
    ☐ 6
  + 3 8
  ─────
    6 4
```

⑦
```
    1 4
  + ☐ 7
  ─────
    5 ☐
```

⑧
```
    ☐ 8
  + 4 5
  ─────
    8 ☐
```

⑨
```
    1 9
  + ☐ 8
  ─────
    9 ☐
```

⑩
```
    2 4
  + 6 ☐
  ─────
    ☐ 5
```

⑪
```
    7 8
  + 1 ☐
  ─────
    ☐ 7
```

⑫
```
    3 ☐
  + 2 7
  ─────
    ☐ 6
```

🐾 □ 안에 알맞은 수를 써넣으세요.

1

```
    □ 1
+   3 □
─────────
    4 6
```

2

```
    4 □
+ □ 8
─────────
  7 2
```

3

```
  □ 5
+ 3 □
─────────
  8 1
```

4

```
  □ 7
+ 6 □
─────────
  8 4
```

5

```
  □ 6
+ 2 □
─────────
  9 4
```

6

```
    1 □
+ □ 7
─────────
  5 5
```

7

```
    5 □
+ □ 1
─────────
1 0 9
```

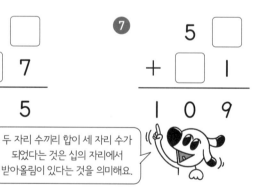

8

```
    3 □
+ □ 9
─────────
1 0 3
```

9

```
    7 □
+ □ 9
─────────
1 1 6
```

10

```
  □ 4
+ 8 □
─────────
1 4 1
```

🐾 숫자 카드를 한 번씩 모두 사용하여 덧셈식을 완성하세요.

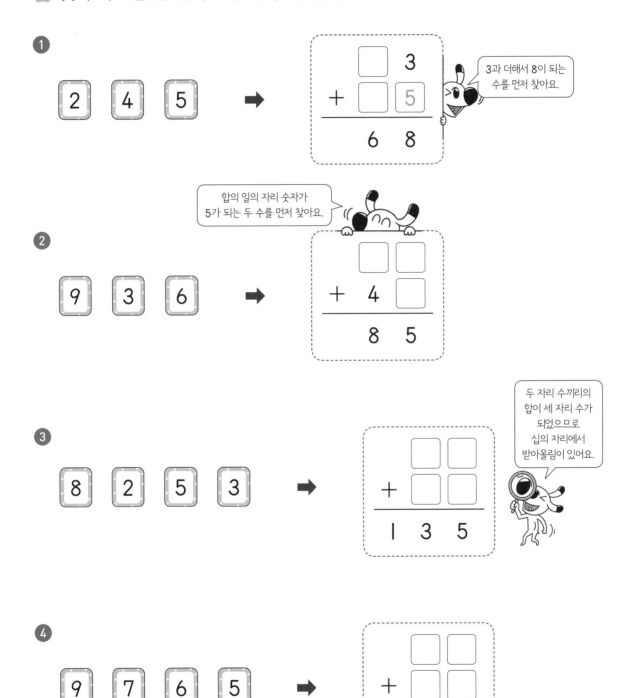

① 2 4 5 ➡

$$\begin{array}{cc} \square & 3 \\ + \ \square & 5 \\ \hline 6 & 8 \end{array}$$

3과 더해서 8이 되는 수를 먼저 찾아요.

합의 일의 자리 숫자가 5가 되는 두 수를 먼저 찾아요.

② 9 3 6 ➡

$$\begin{array}{cc} \square & \square \\ + \ 4 & \square \\ \hline 8 & 5 \end{array}$$

두 자리 수끼리의 합이 세 자리 수가 되었으므로 십의 자리에서 받아올림이 있어요.

③ 8 2 5 3 ➡

$$\begin{array}{ccc} & \square & \square \\ + & \square & \square \\ \hline 1 & 3 & 5 \end{array}$$

④ 9 7 6 5 ➡

$$\begin{array}{ccc} & \square & \square \\ + & \square & \square \\ \hline 1 & 3 & 5 \end{array}$$

06 다양한 표현으로 푸는 덧셈

☆ 48을 나타내는 방법

방법 1 10이 4개, 1이 8개인 수

십의   일의
자리   자리

→ | 4 | 8 |

40 + 8

방법 2 10이 3개, 1이 18개인 수

십의   일의
자리   자리

→ | 4 | 8 |

30 + 18

☆ □보다 △ 큰 수

어떤 수

□(어떤 수) → △ 큰 수 → □+△

• 48보다 20 큰 수 ➡ 48 → +20 → 68

• 10이 4개, 1이 8개인 수보다 20 큰 수 ➡ 48보다 20 큰 수

➡ 48+20=68

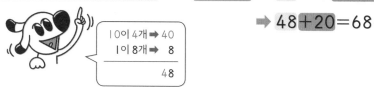

```
10이 4개 ➡ 40
1이 8개 ➡  8
──────────
          48
```

• 10이 3개, 1이 18개인 수보다 20 큰 수 ➡ 48보다 20 큰 수

➡ 48+20=68

```
10이  3개 ➡ 30
1이 18개 ➡ 18
──────────
          48
```

🐾 빈칸에 알맞은 수를 써넣으세요.

1 42보다 18 큰 수: ☐

42 ─ **+18** → ☐

2 32보다 59 큰 수: ☐

32 ─ **+59** → ☐

3 28보다 45 큰 수: ☐

28 ─ **+45** → ☐

4 76보다 24 큰 수: ☐

76 ─ **+24** → ☐

5 39보다 24 큰 수: ☐

6 51보다 19 큰 수: ☐

7 26보다 18 큰 수: ☐

8 59보다 35 큰 수: ☐

9 19보다 45 큰 수: ☐

10 64보다 27 큰 수: ☐

11 84보다 18 큰 수: ☐

12 93보다 29 큰 수: ☐

🐾 빈칸에 알맞은 수를 써넣으세요.

① 10이 2개, 1이 9개인 수보다 34 큰 수: ☐

10이 2개, 1이 9개인 수: 29 ─── **+ 34** ➔ ☐

② 10이 3개, 1이 4개인 수보다 27 큰 수: ☐

10이 3개, 1이 4개인 수: ☐ ─── **+ 27** ➔ ☐

③ 10이 7개, 1이 18개인 수보다 12 큰 수: ☐

10이 7개, 1이 18개인 수 : ☐ ─── **+ 12** ➔ ☐

④ 10이 2개, 1이 16개인 수보다 34 큰 수: ☐

10이 2개, 1이 16개인 수: ☐ ─── **+ 34** ➔ ☐

⑤ 10이 5개, 1이 6개인 수보다 45 큰 수: ☐

⑥ 10이 4개, 1이 7개인 수보다 25 큰 수: ☐

⑦ 10이 3개, 1이 9개인 수보다 63 큰 수: ☐

⑧ 10이 4개, 1이 3개인 수보다 49 큰 수: ☐

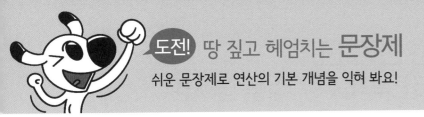
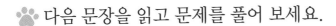 다음 문장을 읽고 문제를 풀어 보세요.

1 35보다 15 큰 수는 얼마일까요?

_____

2 10이 6개, 1이 8개인 수보다 23 큰 수는 얼마일까요?

_____

십의 일의
자리 자리

| | 6 | 8 | ← 10이 6개,
|---|---|---| 1이 8개인 수
| + | 2 | 3 |

3 10이 2개, 1이 15개인 수보다 76 큰 수는 얼마일까요?

_____

십의 일의
자리 자리

| 2 | 0 | ← 10이 2개인 수
|---|---|
| 1 | 5 | ← 1이 15개인 수
| 3 | 5 |

4 십의 자리 숫자가 4인 두 자리 수 중에서 가장 큰 수보다 51 큰 수는 얼마일까요?

_____

십의 자리 숫자가 ●인 두 자리 수

십의 일의
자리 자리

→ | ● | |

5 십의 자리 숫자가 5인 두 자리 수 중에서 둘째로 큰 수보다 48 큰 수는 얼마일까요?

_____

속닥속닥

4 십의 자리 숫자가 4인 두 자리 수는 40, 41, 42, ……, 48, 49예요.
5 십의 자리 숫자가 5인 두 자리 수는 5□에요.

07 큰 수를 만들 땐, 높은 자리부터 큰 수를 놓자!

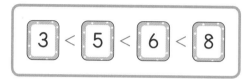

☆ 숫자 카드로 가장 큰 두 자리 수 만들기

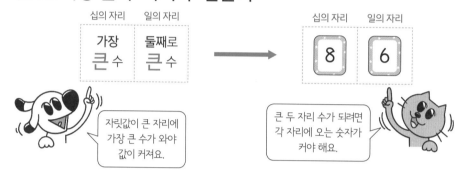

☆ 숫자 카드로 가장 작은 두 자리 수 만들기

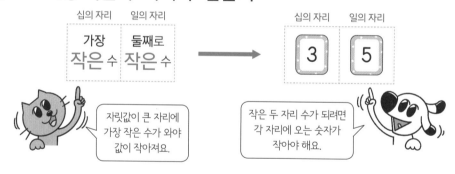

• 수를 만들 때, 가장 높은 자리에는 0이 올 수 없어요.

숫자 카드 4, 7, 0, 8 로 만들 수 있는 가장 작은 두 자리 수는 십의 자리에 0을 제외한 가장 작은 수를 놓고, 일의 자리에 0을 놓아야 해요.

🐾 숫자 카드를 한 번씩 사용하여 만들 수 있는 가장 큰 두 자리 수와 가장 작은 두 자리 수를 만들고, 두 수의 합을 구하세요.

❶ | 1 | 4 | 2 | 3 |

☐☐ ← 가장 큰 수
+ ☐☐ ← 가장 작은 수

❷ | 4 | 7 | 3 | 5 |

☐☐ ← 가장 큰 수
+ ☐☐ ← 가장 작은 수

❸ | 7 | 6 | 5 | 8 |

☐☐ ← 가장 큰 수
+ ☐☐ ← 가장 작은 수

❹ | 4 | 9 | 2 | 7 |

☐☐ ← 가장 큰 수
+ ☐☐ ← 가장 작은 수

❺ | 6 | 3 | 8 | 5 |

☐☐ ← 가장 큰 수
+ ☐☐ ← 가장 작은 수

❻ | 8 | 7 | 9 | 6 |

☐☐ ← 가장 큰 수
+ ☐☐ ← 가장 작은 수

🐾 숫자 카드를 한 번씩 사용하여 만들 수 있는 가장 큰 두 자리 수와 가장 작은 두
 자리 수를 만들고, 두 수의 합을 구하세요.

❶ [1] [0] [4] [2]

```
   ☐ ☐    ← 가장 큰 수
 + ☐ ☐    ← 가장 작은 수
 ─────
```

가장 작은 두 자리 수를 만들 때
십의 자리에는 0이 올 수 없어요.

❷ [8] [3] [5] [7]

```
   ☐ ☐    ← 가장 큰 수
 + ☐ ☐    ← 가장 작은 수
 ─────
```

❸ [8] [5] [2] [6]

```
   ☐ ☐    ← 가장 큰 수
 + ☐ ☐    ← 가장 작은 수
 ─────
```

❹ [7] [4] [9] [3]

```
   ☐ ☐    ← 가장 큰 수
 + ☐ ☐    ← 가장 작은 수
 ─────
```

❺ [5] [9] [4] [6]

```
   ☐ ☐    ← 가장 큰 수
 + ☐ ☐    ← 가장 작은 수
 ─────
```

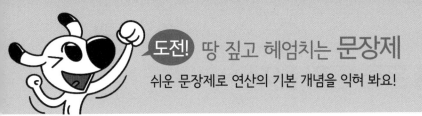

도전! 땅 짚고 헤엄치는 문장제

쉬운 문장제로 연산의 기본 개념을 익혀 봐요!

🐾 다음 문장을 읽고 문제를 풀어 보세요.

① 숫자 카드를 한 번씩 사용하여 만들 수 있는 두 자리 수 중 둘째로 큰 수와 둘째로 작은 수의 합을 구하세요.

둘째로 큰 수		둘째로 작은 수	
십의 자리	일의 자리	십의 자리	일의 자리
가장 큰 수	셋째로 큰 수	가장 작은 수	셋째로 작은 수

② 민수와 소희는 각자의 숫자 카드를 한 번씩 사용하여 만들 수 있는 가장 큰 두 자리 수와 가장 작은 두 자리 수를 만들었습니다. 물음에 답하세요.

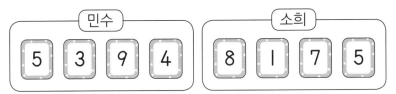

(1) 민수가 만든 수와 소희가 만든 수 중에서 두 수의 합이 가장 클 때의 합을 구하세요.

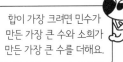

합이 가장 크려면 민수가 만든 가장 큰 수와 소희가 만든 가장 큰 수를 더해요.

(2) 민수가 만든 수와 소희가 만든 수 중에서 두 수의 합이 가장 작을 때의 합을 구하세요.

합이 가장 작으려면 민수가 만든 가장 작은 수와 소희가 만든 가장 작은 수를 더해요.

속닥속닥

② 민수와 소희가 각자 만든 가장 큰 두 자리 수와 가장 작은 두 자리 수를 먼저 구해요.

🐾 덧셈을 하세요.

①
$$\begin{array}{r} 30 \\ +\ 40 \\ \hline \end{array}$$

②
$$\begin{array}{r} 54 \\ +\ 25 \\ \hline \end{array}$$

③
$$\begin{array}{r} 32 \\ +\ 14 \\ \hline \end{array}$$

④
$$\begin{array}{r} 26 \\ +\ 43 \\ \hline \end{array}$$

⑤
$$\begin{array}{r} 45 \\ +\ 13 \\ \hline \end{array}$$

⑥
$$\begin{array}{r} 27 \\ +\ 72 \\ \hline \end{array}$$

⑦
$$\begin{array}{r} 28 \\ +\ 27 \\ \hline \end{array}$$

⑧
$$\begin{array}{r} 19 \\ +\ 63 \\ \hline \end{array}$$

⑨
$$\begin{array}{r} 46 \\ +\ 34 \\ \hline \end{array}$$

⑩
$$\begin{array}{r} 38 \\ +\ 54 \\ \hline \end{array}$$

⑪
$$\begin{array}{r} 16 \\ +\ 67 \\ \hline \end{array}$$

⑫
$$\begin{array}{r} 55 \\ +\ 16 \\ \hline \end{array}$$

🐾 덧셈을 하세요.

❶
$$\begin{array}{r} 7\ 1 \\ +\ 4\ 1 \\ \hline \end{array}$$

❷
$$\begin{array}{r} 6\ 3 \\ +\ 4\ 5 \\ \hline \end{array}$$

❸
$$\begin{array}{r} 9\ 8 \\ +\ 3\ 0 \\ \hline \end{array}$$

❹
$$\begin{array}{r} 4\ 1 \\ +\ 8\ 8 \\ \hline \end{array}$$

❺
$$\begin{array}{r} 6\ 7 \\ +\ 3\ 3 \\ \hline \end{array}$$

❻
$$\begin{array}{r} 8\ 4 \\ +\ 5\ 9 \\ \hline \end{array}$$

❼
$$\begin{array}{r} 2\ 9 \\ +\ 8\ 6 \\ \hline \end{array}$$

❽
$$\begin{array}{r} 5\ 4 \\ +\ 4\ 6 \\ \hline \end{array}$$

❾
$$\begin{array}{r} 7\ 6 \\ +\ 9\ 7 \\ \hline \end{array}$$

❿ $15 + 39 + 24 =$

⓫ $26 + 18 + 56 =$

⓬ $34 + 29 + 48 =$

⓭ $47 + 15 + 19 =$

섞어서 연습해요!

🐾 ☐ 안에 알맞은 수를 써넣으세요.

1 19보다 47 큰 수: ☐

2 10이 8개, 1이 6개인 수보다 45 큰 수: ☐

3 10이 6개, 1이 17개인 수보다 16 큰 수: ☐

4
```
   6 ☐
 + 1 3
 ─────
   7 5
```

5
```
   ☐ 1
 + 2 7
 ─────
   6 8
```

6
```
   2 6
 + 3 ☐
 ─────
   6 1
```

7
```
   3 ☐
 + ☐ 9
 ─────
   5 3
```

8
```
   4 ☐
 + 3 8
 ─────
 ☐ 2
```

9
```
   ☐ 7
 + 5 8
 ─────
 1 2 ☐
```

🐾 숫자 카드를 한 번씩 사용하여 만들 수 있는 두 자리 수 중 가장 큰 수와 가장 작은 수의 합을 구하세요.

10

11

_____   _____

계산 결과를 따라가면 영화관에 도착할 수 있습니다. 영화관까지 가는 길을 표시해 보세요.

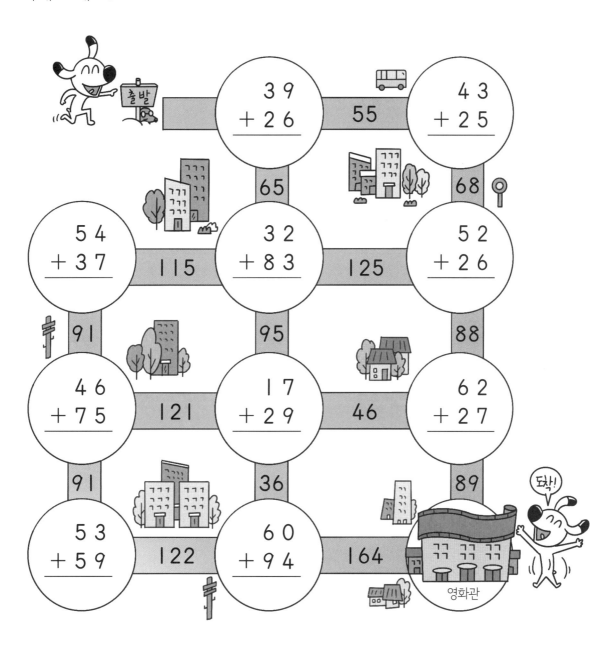

합이 100이 되는 두 수를 찾아 ☐ 또는 ☐를 그리세요.

힌트가 있어요! 부분을 확인하면 합이 100이 되는 두 수를 찾을 수 있어요~!

50	30	7	64	11	90	60	22	60	32
10	70	15	81	50	33	88	4	90	47
5	20	70	15	26	90	2	98	12	23
80	39	29	5	50	49	5	3	80	53
21	17	30	45	50	32	44	50	26	73
56	36	96	37	100	24	56	34	67	33
46	54	44	25	74	40	4	16	23	57
34	51	67	85	59	79	10	58	15	9
61	29	50	15	90	63	93	25	75	46
19	71	9	95	47	82	23	65	5	8

둘째 마당

덧셈 집중 훈련

세 자리 수의 덧셈은 받아올림을 3번까지 할 수 있어요. 백의 자리에서 받아올림이 있으면 합이 1000이 넘는다는 것! 덧셈을 잘하려면 짧은 시간 안에 정확하게 풀어내야 해요. 지금부터 집중해서 풀면서 계산력을 쑥쑥 키워 봐요.

09 받아올림이 없는 덧셈은 기본이지

☆ 받아올림이 없는 (세 자리 수)+(세 자리 수)

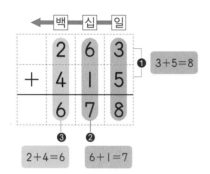

① ^{1}□의 자리, 십의 자리, ^{2}□의 자리 순서로 계산합니다.

② 각 자리 수끼리의 합은 각 자리의 아래에 씁니다.

항상 일의 자리부터 계산하는 습관을 들이는 게 좋아!

받아올림이 없어도 항상 일의 자리부터 계산해야겠다!

• 자릿수가 다른 가로셈을 세로셈으로 쓸 때는 자리를 맞추는 것에 주의해요.

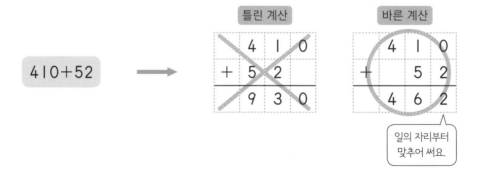

일의 자리부터 맞추어 써요.

🐾 덧셈을 하세요.

①
```
   3 0 0
+      9
```

②
```
   5 7 0
+      6
```

③
```
   8 2 4
+      5
```

④
```
   4 0 0
+    6 3
```

⑤
```
   7 1 0
+    4 9
```

⑥
```
   9 3 0
+    1 7
```

⑦
```
   1 0 4
+    9 2
```

⑧
```
   5 5 3
+    2 6
```

⑨
```
   4 6 1
+    3 4
```

⑩
```
   7 0 0
+ 1 0 0
```

⑪
```
   3 4 0
+ 2 0 0
```

⑫
```
   4 4 0
+ 3 0 0
```

덧셈을 하세요.

①
```
  352
+ 134
```

②
```
  412
+ 263
```

③
```
  645
+ 323
```

④
```
  185
+ 212
```

⑤
```
  324
+ 172
```

⑥
```
  531
+ 146
```

⑦
```
  421
+ 463
```

⑧
```
  233
+ 516
```

⑨
```
  144
+ 430
```

⑩
```
  716
+ 242
```

⑪
```
  353
+ 425
```

받아올림이 없는 덧셈은 자릿수가 늘어나도 어렵지 않죠?

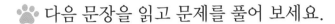 다음 문장을 읽고 문제를 풀어 보세요.

① 민지네 학교 남학생은 352명, 여학생은 347명입니다. 민지네 학교 학생은 모두 몇 명일까요?

_____

② 어느 과수원에 사과나무는 257그루, 감나무는 120그루 있습니다. 과수원에 있는 사과나무와 감나무는 모두 몇 그루일까요?

_____

③ 박물관에 방문한 사람이 어제는 382명, 오늘은 314명입니다. 어제와 오늘 박물관에 방문한 사람은 모두 몇 명일까요?

_____

④ 어느 제과점에서 오늘 피자빵을 412개, 크림빵을 374개 만들었습니다. 제과점에서 오늘 만든 피자빵과 크림빵은 모두 몇 개일까요?

_____

☆ 받아올림이 1번 있는 (세 자리 수)+(세 자리 수)

- **일**의 자리에서 받아올림이 있는 경우

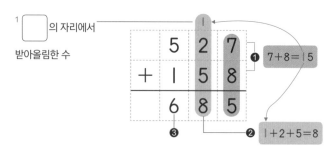

일의 자리에서
받아올림한 수는
십의 자리로!

- **십**의 자리에서 받아올림이 있는 경우

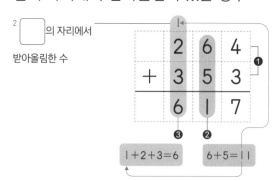

십의 자리에서
받아올림한 수는
백의 자리로!

- **백**의 자리에서 받아올림이 있는 경우

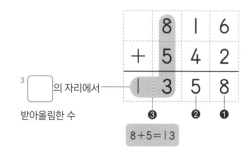

백의 자리에서
받아올림한 수는
천의 자리에 바로 써요.

백의 자리에서 받아올림한 수는 천의 자리에 바로 써요.

🐾 덧셈을 하세요.

받아올림한 수를
빠뜨리지 않도록 집중!

①
```
   1 4 7
 + 1 2 5
```

②
```
   2 8 7
 + 2 6 0
```

③
```
   4 2 5
 + 1 6 8
```

④
```
   3 7 4
 + 4 8 1
```

⑤
```
   9 4 3
 + 7 3 6
```

⑥
```
   4 1 9
 + 2 3 2
```

⑦
```
   1 9 2
 + 5 2 3
```

⑧
```
   3 2 4
 + 8 7 4
```

⑨
```
   3 7 4
 + 5 1 6
```

⑩
```
   2 5 4
 + 4 6 5
```

⑪
```
   7 3 2
 + 6 0 5
```

덧셈을 하세요.

① 274
  +351

② 169
  +323

③ 545
  +742

④ 325
  +418

⑤ 462
  +295

⑥ 156
  +923

⑦ 782
  +813

⑧ 394
  +384

⑨ 317
  +256

⑩ 953
  +945

⑪ 548
  +132

⑫ 273
  +146

🐾 덧셈을 하세요.

①
```
   5 2 6
 + 6 4 1
```

②
```
   2 8 2
 + 2 4 5
```

③
```
   3 4 3
 + 1 3 7
```

④
```
   8 1 2
 + 7 5 3
```

⑤
```
   4 2 8
 + 1 6 8
```

⑥
```
   2 7 4
 + 6 6 2
```

⑦
```
   1 6 3
 + 5 9 1
```

⑧
```
   4 8 6
 + 9 1 3
```

⑨
```
   3 4 5
 + 5 2 7
```

일의 자리에서
받아올림한 수는
십의 자리로!

십의 자리에서
받아올림한 수는
백의 자리로!

백의 자리에서
받아올림한 수는
천의 자리에 바로 써요

🐾 넓이가 다음과 같은 삼각형 2개를 겹치지 않게 이어 붙여 사각형을 만들었습니다. 만든 사각형의 넓이를 구하세요.

①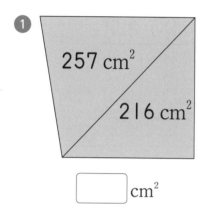

$\boxed{}$ cm²

②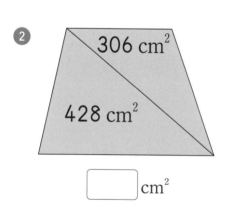

$\boxed{}$ cm²

③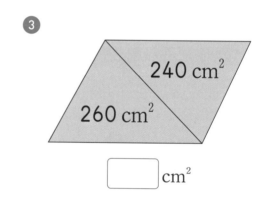

$\boxed{}$ cm²

④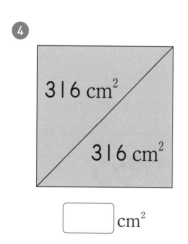

$\boxed{}$ cm²

⑤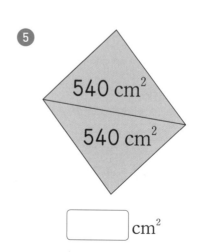

$\boxed{}$ cm²

받아올림이 여러 번 있어도 계산 방법은 똑같아

☆ 받아올림이 2번 있는 (세 자리 수)+(세 자리 수)

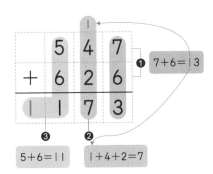

$7+6=13$

③ $5+6=11$ ② $1+4+2=7$

각 자리 수의 합이 $^1\boxed{}$이거나 $^2\boxed{}$보다 크면 바로 윗자리로 받아올림합니다.

☆ 받아올림이 3번 있는 (세 자리 수)+(세 자리 수)

```
  ① ① ①
  8 6 3
+ 7 4 9
① 6 ① 2
  ③ ② ①
```

❶ 일의 자리 계산: $3+9=12$

❷ 십의 자리 계산: $1+6+4=11$

❸ 백의 자리 계산: $1+8+7=16$

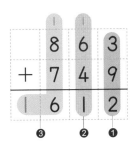

• 받아올림한 수 1의 크기는 자리에 따라 어떻게 달라질까요?

십의 자리	일의 자리
	5
+	7
1	2

일의 자리에서 받아올림한
1은 10을 나타내요.

백의 자리	십의 자리	일의 자리
	5	0
+	7	0
1	2	0

십의 자리에서 받아올림한
1은 $^3\boxed{}$을 나타내요.

백의 자리	십의 자리	일의 자리
5	0	0
+ 7	0	0
1 2	0	0

백의 자리에서 받아올림한
1은 $^4\boxed{}$을 나타내요.

🐾 덧셈을 하세요.

①
$$\begin{array}{r} 163 \\ +457 \\ \hline \end{array}$$

②
$$\begin{array}{r} 234 \\ +829 \\ \hline \end{array}$$

받아올림이 2번 있어도
계산 방법은 똑같아요!
일의 자리부터 계산해요.

③
$$\begin{array}{r} 358 \\ +545 \\ \hline \end{array}$$

④
$$\begin{array}{r} 967 \\ +216 \\ \hline \end{array}$$

⑤
$$\begin{array}{r} 425 \\ +891 \\ \hline \end{array}$$

⑥
$$\begin{array}{r} 276 \\ +289 \\ \hline \end{array}$$

⑦
$$\begin{array}{r} 625 \\ +768 \\ \hline \end{array}$$

⑧
$$\begin{array}{r} 573 \\ +634 \\ \hline \end{array}$$

⑨
$$\begin{array}{r} 437 \\ +294 \\ \hline \end{array}$$

⑩
$$\begin{array}{r} 816 \\ +644 \\ \hline \end{array}$$

⑪
$$\begin{array}{r} 776 \\ +382 \\ \hline \end{array}$$

덧셈을 하세요.

①
```
   752
 + 286
```

②
```
   348
 + 187
```

③
```
   461
 + 829
```

④
```
   276
 + 648
```

⑤
```
   364
 + 941
```

⑥
```
   538
 + 529
```

⑦
```
   183
 + 169
```

⑧
```
   456
 + 735
```

⑨
```
   675
 + 862
```

⑩
```
   923
 + 168
```

⑪
```
   854
 + 493
```

아하! 어느 자리에서 받아올림을 해도 받아올림한 수는 1로 표시하는구나!

🐾 덧셈을 하세요.

받아올림한 수를
작게 표시해 실수를
줄여요.

①
```
   1 5 7
 + 8 4 3
```

②
```
   2 8 6
 + 9 2 4
```

③
```
   3 8 1
 + 6 7 9
```

④
```
   4 7 3
 + 8 9 7
```

⑤
```
   6 2 8
 + 4 7 4
```

⑥
```
   9 9 6
 + 7 5 8
```

⑦
```
   7 4 9
 + 4 5 7
```

⑧
```
   3 2 7
 + 9 8 5
```

⑨
```
   7 8 6
 + 6 7 5
```

⑩
```
   8 3 2
 + 3 9 9
```

⑪
```
   6 1 9
 + 5 9 8
```

🐾 덧셈을 하세요.

①
```
   857
+  463
```

②
```
   596
+  517
```

③
```
   328
+  975
```

④
```
   274
+  789
```

⑤
```
   965
+  146
```

⑥
```
   456
+  749
```

⑦
```
   738
+  963
```

⑧
```
   682
+  819
```

⑨
```
   169
+  974
```

⑩
```
   556
+  878
```

⑪
```
   836
+  794
```

받아올림이 여러 번 있어도 어렵지 않죠?

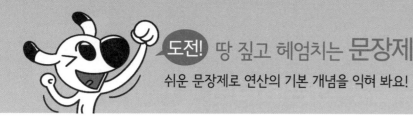
🐾 다음 문장을 읽고 문제를 풀어 보세요.

① 햄버거의 열량은 278킬로칼로리, 감자 튀김의 열량은 447킬로칼로리입니다. 햄버거와 감자 튀김의 열량을 더하면 몇 킬로칼로리일까요?

햄버거   감자 튀김
278킬로칼로리   447킬로칼로리

_____

② 사이다 355 mL와 콜라 185 mL가 있습니다. 사이다와 콜라는 모두 몇 mL일까요?

_____

③ 주원이네 학교 3학년 남학생 수는 157명이고, 여학생 수는 165명입니다. 주원이네 학교 3학년 학생 수는 모두 몇 명일까요?

_____

④ 성규네 집에서 문구점까지의 거리는 478 m, 문구점에서 학교까지의 거리는 659 m입니다. 성규네 집에서 문구점을 지나 학교까지 가는 거리는 몇 m일까요?

문구점
478 m   659 m
성규네 집   학교

_____

속닥속닥

❶ '킬로칼로리'는 열량을 나타내는 단위로 'kcal'라고 써요.
❷ 'mL'는 들이를 나타내는 단위로 '밀리리터'라고 읽어요.

12 실수 없이 계산하는 세 자리 수 덧셈

☆ 실수하기 쉬운 세 자리 수의 덧셈

실수 1 받아올림이 없는데 받아올림을 한 경우

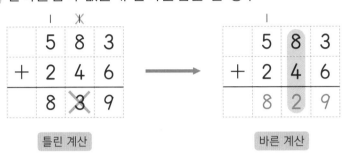

| 틀린 계산 | 바른 계산 |

일의 자리에서
받아올림할 수가 없어요!
습관적으로 받아올림 표시를
하지 않았는지 확인해요.

실수 2 받아올림한 수를 계산하지 않은 경우

• 일의 자리에서 받아올림한 수를 십의 자리에서 계산하지 않은 경우

❶ 6+8=14
❷ 1+2+9=12
❸ 1+2+4=7

• 십, 백의 자리 계산에서 받아올림한 수를 계산하지 않은 경우

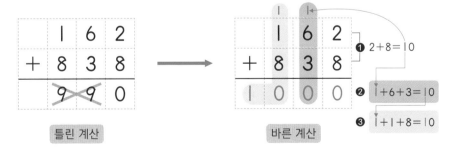

❶ 2+8=10
❷ 1+6+3=10
❸ 1+1+8=10

받아올림한 수를 윗자리 숫자 위에
작게 쓰면 실수를 줄일 수 있어요.

🐾 덧셈을 하세요.

① 147
  +258

② 284
  +216

③ 372
  +129

④ 454
  +656

⑤ 135
  +979

⑥ 369
  +684

⑦ 568
  +284

⑧ 716
  +197

⑨ 447
  +553

⑩ 352
  +678

⑪ 693
  +845

⑫ 938
  +489

123
+978
1101

십의 자리만 확인하면 2+7=9로 받아올림이 없는 것 같지만
일의 자리에서 받아올림한 수 1을 더해 주면
십의 자리에서도 받아올림이 생겨요.

덧셈 집중 훈련

🐾 덧셈을 하세요.

①
$$\begin{array}{r} 165 \\ +135 \\ \hline \end{array}$$

②
$$\begin{array}{r} 282 \\ +318 \\ \hline \end{array}$$

③
$$\begin{array}{r} 447 \\ +374 \\ \hline \end{array}$$

④
$$\begin{array}{r} 439 \\ +593 \\ \hline \end{array}$$

⑤
$$\begin{array}{r} 618 \\ +674 \\ \hline \end{array}$$

⑥
$$\begin{array}{r} 791 \\ +809 \\ \hline \end{array}$$

⑦
$$\begin{array}{r} 273 \\ +237 \\ \hline \end{array}$$

⑧
$$\begin{array}{r} 397 \\ +359 \\ \hline \end{array}$$

⑨
$$\begin{array}{r} 685 \\ +658 \\ \hline \end{array}$$

⑩
$$\begin{array}{r} 562 \\ +776 \\ \hline \end{array}$$

⑪
$$\begin{array}{r} 854 \\ +186 \\ \hline \end{array}$$

⑫
$$\begin{array}{r} 937 \\ +965 \\ \hline \end{array}$$

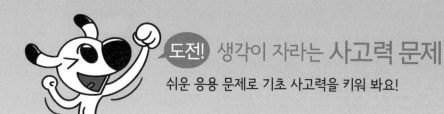

도전! 생각이 자라는 사고력 문제

쉬운 응용 문제로 기초 사고력을 키워 봐요!

○ 안에 계산 결과가 맞으면 ○표, 틀리면 ×표 하고 틀린 계산은 바르게 풀어 보세요.

① ○

```
  1 7 8
+ 1 5 2
-------
  2 2 0
```

→

```
  1 7 8
+ 1 5 2
-------
```

받아올림한 표시를 작게 쓰면서 계산해야 실수를 줄일 수 있어요.

② ○

```
  5 2 0
+ 4 9 3
-------
  9 2 3
```

→

```
  5 2 0
+ 4 9 3
-------
```

③ ○

```
  3 7 8
+ 4 3 5
-------
  8 1 3
```

→

```
  3 7 8
+ 4 3 5
-------
```

④ ○

```
  5 2 6
+ 4 9 4
-------
1 1 2 0
```

→

```
  5 2 6
+ 4 9 4
-------
```

13 몇백에 가까운 수 쉽게 계산하기

☆ 몇백보다 몇 작은 수

• 314+298의 계산

몇백보다 몇 작은 수 → 몇백 − (몇)
298 → 300 − 2

$$314 + \boxed{298} = 612$$

300 − 2

614

612

298은 300보다 [ ] 작은 수니까

314에 300을 먼저 더한 다음
그 값에서 더 더해 줬던 2를 빼요.

☆ 몇백보다 몇 큰 수

• 458+303의 계산

몇백보다 몇 큰 수 → 몇백 + (몇)
303 → 300 + 3

$$458 + \boxed{303} = 761$$

300 + 3

758

761

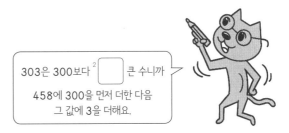

303은 300보다 [ ] 큰 수니까

458에 300을 먼저 더한 다음
그 값에 3을 더해요.

두 수 중 몇백에 가까운 수가 있는지 확인해 봐요.
몇백보다 몇 작은 수를 (몇백)-(몇)으로 고쳐서 계산하면 계산이 훨씬 쉬워져요.

🐾 덧셈을 하세요.

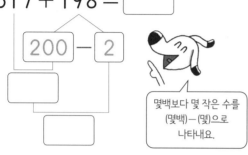

① $517 + 198 =$ ☐

200 − 2

몇백보다 몇 작은 수를
(몇백)−(몇)으로
나타내요.

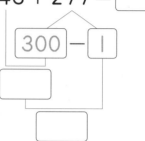

② $243 + 299 =$ ☐

300 − 1

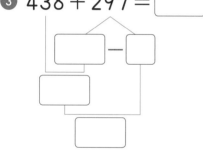

③ $438 + 297 =$ ☐

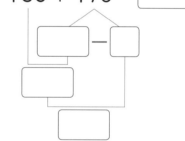

④ $135 + 496 =$ ☐

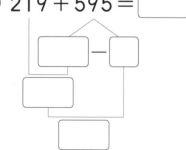

⑤ $219 + 595 =$ ☐

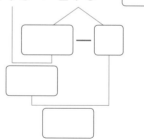

⑥ $413 + 298 =$ ☐

⑦ $628 + 196 =$ ☐

⑧ $246 + 497 =$ ☐

🐾 덧셈을 하세요.

❶ 348 + 203 = ☐

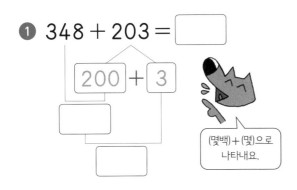

❷ 539 + 104 = ☐

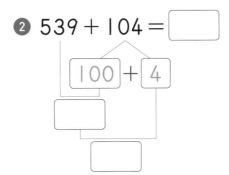

❸ 169 + 507 = ☐

❹ 226 + 308 = ☐

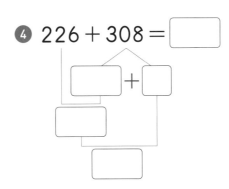

❺ 349 + 102 = ☐

❻ 219 + 706 = ☐

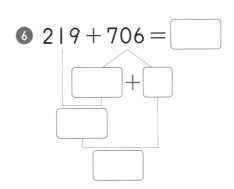

❼ 258 + 603 = ☐

❽ 169 + 807 = ☐

몇백에 가까운 수를 몇백과 몇으로 나눠서 계산하면 쉬워요.

🐾 덧셈을 하세요.

1 146 + 398

$= 146 + 400 - \boxed{2}$

$= \boxed{} - \boxed{2}$

$= \boxed{}$

> 몇백보다 몇 작은 수는
> (몇백)－(몇)으로!

2 548 + 296

$= 548 + 300 - \boxed{}$

$= \boxed{} - \boxed{}$

$= \boxed{}$

3 567 + 199

$= 567 + 200 - \boxed{}$

$= \boxed{} - \boxed{}$

$= \boxed{}$

4 329 + 497

$= 329 + 500 - \boxed{}$

$= \boxed{} - \boxed{}$

$= \boxed{}$

5 469 + 403

$= 146 + 400 + \boxed{3}$

$= \boxed{} + \boxed{3}$

$= \boxed{}$

> 몇백보다 몇 큰 수는
> (몇백)＋(몇)으로!

6 137 + 605

$= 137 + 600 + \boxed{5}$

$= \boxed{} + \boxed{5}$

$= \boxed{}$

7 228 + 304

$= 228 + 300 + \boxed{}$

$= \boxed{528} + \boxed{}$

$= \boxed{}$

8 596 + 206

$= 596 + 200 + \boxed{}$

$= \boxed{} + \boxed{}$

$= \boxed{}$

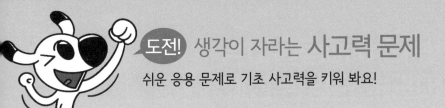
🐾 양쪽 두 식의 결과가 서로 같아지도록 ○ 안에 +, − 중 알맞은 기호를 써넣고, ⬜ 안에 계산 결과를 써넣으세요.

계산 결과

① 520+1̲0̲3̲ = 520+100 ⊕ 3 = ⬜

103은 100보다 3 큰 수!

103은 100+3으로 나타낼 수 있어!

② 263+404 = 263+400 ◯ 4 = ⬜

③ 201+573 = 1 ◯ 200+573 = ⬜

④ 465+2̲9̲8̲ = 465+300 ◯ 2 = ⬜

298은 300보다 2 작은 수야!

그럼 300−2로 나타낼 수 있겠다!

⑤ 529+396 = 529+400 ◯ 4 = ⬜

⑥ 374+495 = 374+500 ◯ 5 = ⬜

14 세 수의 덧셈은 덧셈을 두 번 계산해

☆ 257+186+358을 앞에서부터 차례로 계산하기

• 가로셈으로 계산하기

❶	2	5	7
+	1	8	6
	4	4	3

❷	4	4	3
+	3	5	8
	8	0	1

• 세로셈으로 계산하기

$$257+186+358=\boxed{801}$$
❶ 443
❷ 801

☆ 257+186+358을 순서를 바꾸어 계산하기

• 뒤의 수를 먼저 계산하기

$$257+186+358=\boxed{801}$$
❶ 544
❷ 801

세 수의 덧셈은 순서를 바꾸어 더해도
결과는 같습니다.

• 앞의 수와 뒤의 수를 먼저 계산하기

$$257+186+358=\boxed{801}$$
❶ 615
❷ 801

마지막으로 한번 더 기억해요!!
덧셈만 있는 식은
순서를 바꾸어 계산할 수 있어요.

세 자리 수의 덧셈은 계산 순서를 바꾸어도 되지만
일단 앞에서부터 두 수씩 차례로 더하면 실수를 줄일 수 있어요.

🐾 세 수의 덧셈을 하세요.

① 185＋157＋169＝

```
  1 8 5        → 3 4 2
+ 1 5 7         + 1 6 9
─────────      ─────────
  3 4 2
```

② 298＋149＋786＝

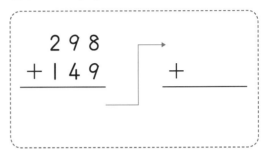

③ 164＋438＋598＝

```
  1 6 4        →
+ 4 3 8         +
─────────      ─────────
```

④ 172＋344＋285＝

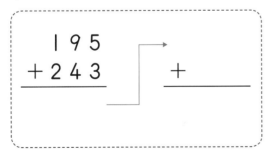

⑤ 195＋243＋374＝

```
  1 9 5        →
+ 2 4 3         +
─────────      ─────────
```

⑥ 476＋165＋379＝

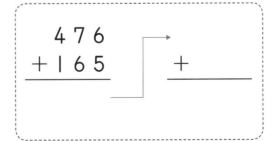

🐾 세 수의 덧셈을 하세요.

❶ $175 + 158 + 187 =$ ☐

❷ $398 + 279 + 248 =$ ☐

❸ $253 + 369 + 288 =$ ☐

❹ $292 + 149 + 469 =$ ☐

❺ $427 + 195 + 279 =$ ☐

❻ $285 + 158 + 369 =$ ☐

❼ $149 + 456 + 346 =$ ☐

❽ $376 + 187 + 787 =$ ☐

🐾 세 수의 덧셈을 하세요.

❶ 123 + 456 + 287 =

덧셈만 있는 식은 순서를 바꿔 계산할 수 있어요. 편한 방법으로 계산해 봐요.

❷ 164 + 513 + 176 =

❸ 274 + 439 + 381 =

❹ 358 + 147 + 293 =

❺ 189 + 565 + 275 =

❻ 439 + 243 + 198 =

❼ 547 + 296 + 369 =

❽ 275 + 147 + 398 =

❾ 263 + 479 + 568 =

❿ 348 + 426 + 137 =

⓫ 777 + 188 + 999 =

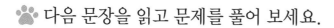

다음 문장을 읽고 문제를 풀어 보세요.

덧셈만 있는 식은
순서가 중요하지 않아요~!

1 세 수의 합을 구하세요.

163   149   227

_____

2 219에 132를 더한 값에 156을 더하면 얼마일까요?

_____

3 415에 302와 146을 차례로 더하면 얼마일까요?

_____

4 도서관에 과학 도서 263권, 동화책 330권, 위인전 378권
이 있습니다. 도서관에 있는 과학 도서, 동화책, 위인전은 모
두 몇 권일까요?

_____

15 또 다른 표현으로 푸는 덧셈

☆ □보다 △ 큰 수

□(어떤 수) ── △ 큰 수 ──▶ □+△

• 542보다 198 큰 수 ➡ 542 ── +198 ──▶ 740

• 100이 2개, 10이 5개, 1이 7개인 수보다 163 큰 수 ➡ 257보다 163 큰 수

➡ 257+163=420

```
100이 2개 → 200
10이 5개 →  50
 1이 7개 →   7
         257
```

• 326에서 10씩 3번 뛰어 센 수보다 275 큰 수 ➡ 356보다 275 큰 수

➡ 356+275=631

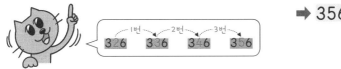

```
   1번    2번    3번
326   336   346   356
```

326에서

10씩 3번 뛰어 세면

326에 10을 3번 더하는 것과 같아요.

🐾 빈칸에 알맞은 수를 써넣으세요.

❶ 184보다 426 큰 수: ⬜

184 → +426 → ⬜

❷ 356보다 177 큰 수: ⬜

356 → +177 → ⬜

❸ 239보다 164 큰 수: ⬜

239 → +164 → ⬜

❹ 473보다 159 큰 수: ⬜

473 → +159 → ⬜

❺ 100이 4개, 10이 8개, 1개이 3인 수: 483 → 230 큰 수 → ⬜

❻ 100이 6개, 10이 2개, 1이 8개인 수 → 372 큰 수 → ⬜

❼ 100이 1개, 10이 15개, 1이 5개인 수 → 516 큰 수 → ⬜

❽ 100이 4개, 10이 4개, 1이 18개인 수 → 469 큰 수 → ⬜

🐾 빈칸에 알맞은 수를 써넣으세요.

❶ 143에서 100씩 2번 뛰어 센 수: 343 ── 700 큰 수 ➡

❷ 576에서 100씩 3번 뛰어 센 수: ── 249 큰 수 ➡

❸ 365에서 100씩 5번 뛰어 센 수 ── 158 큰 수 ➡

❹ 437에서 100씩 4번 뛰어 센 수 ── 167 큰 수 ➡

❺ 229에서 10씩 3번 뛰어 센 수 ── 541 큰 수 ➡

❻ 754에서 10씩 3번 뛰어 센 수 ── 136 큰 수 ➡

❼ 548에서 10씩 4번 뛰어 센 수 ── 342 큰 수 ➡

❽ 682에서 10씩 6번 뛰어 센 수 ── 228 큰 수 ➡

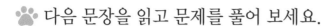

🐾 다음 문장을 읽고 문제를 풀어 보세요.

① 453보다 200 큰 수는 얼마일까요?

② 137보다 586 큰 수는 얼마일까요?

③ 100이 6개, 10이 4개, 1이 7개인 수보다 173 큰 수는 얼마일까요?

④ 100이 3개, 10이 16개, 1이 4개인 수보다 258 큰 수는 얼마일까요?

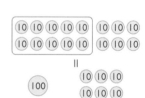

⑤ 백의 자리 숫자가 6인 세 자리 수 중에서 가장 큰 수보다 301 큰 수는 얼마일까요?

⑥ 백의 자리 숫자가 9인 세 자리 수 중에서 둘째로 큰 수보다 234 큰 수는 얼마일까요?

☆ 세 자리 수의 덧셈식에서 □ 안의 수 구하기

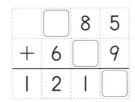

받아올림이 있을 수 있으니 일의 자리에 있는 □부터 생각해 봐요.

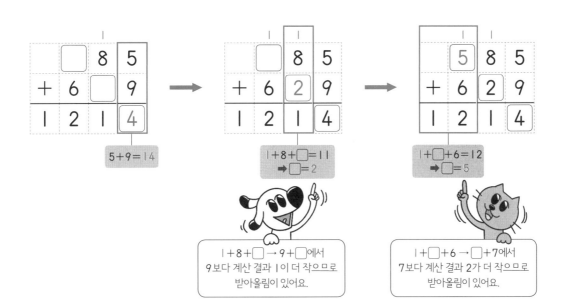

$5+9=14$

$1+8+□=11$
$→□=2$

$1+□+6=12$
$→□=5$

1+8+□ → 9+□에서 9보다 계산 결과 1이 더 작으므로 받아올림이 있어요.

1+□+6 → □+7에서 7보다 계산 결과 2가 더 작으므로 받아올림이 있어요.

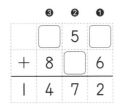

• 각 자리에서 받아올림이 있는지 확인하는 방법

❶ 일의 자리 계산: $□+6=\cancel{2}$ → $□+6=⑫$ → 받아올림이 있어요.
❷ 십의 자리 계산: $1+5+□=7$ → $6+□=⑦$ → 받아올림이 없어요.
     └ 일의 자리에서 받아올림한 수
❸ 백의 자리 계산: $□+8=\cancel{4}$ → $□+8=⑭$ → 받아올림이 있어요.

➡ 더하는 수(더해지는 수)와 계산 결과의 같은 자리 수끼리 비교해 보면 받아올림이 있는지, 없는지 알 수 있어요.

🐾 □ 안에 알맞은 수를 써넣으세요.

1
$$\begin{array}{r} 3\ 6\ 7 \\ +\ 2\ \boxed{\ }\ 4 \\ \hline 5\ 8\ \boxed{\ } \end{array}$$

2
$$\begin{array}{r} \boxed{\ }\ 3\ 3 \\ +\ 2\ \boxed{\ }\ 6 \\ \hline 4\ 7\ 9 \end{array}$$

3
$$\begin{array}{r} \boxed{\ }\ 2\ 6 \\ +\ 5\ 2\ 4 \\ \hline 8\ 5\ \boxed{\ } \end{array}$$

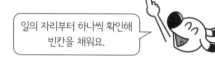

일의 자리부터 하나씩 확인해 빈칸을 채워요.

4
$$\begin{array}{r} \boxed{\ }\ 1\ 5 \\ +\ 4\ \boxed{\ }\ 9 \\ \hline 7\ 3\ \boxed{\ } \end{array}$$

5
$$\begin{array}{r} \boxed{\ }\ 2\ 4 \\ +\ 6\ \boxed{\ }\ 8 \\ \hline 9\ 7\ \boxed{\ } \end{array}$$

6
$$\begin{array}{r} \boxed{\ }\ 5\ 3 \\ +\ 8\ \boxed{\ }\ 3 \\ \hline 1\ 5\ 9\ \boxed{\ } \end{array}$$

7
$$\begin{array}{r} 1\ 9\ 7 \\ +\ 6\ \boxed{\ }\ 4 \\ \hline \boxed{\ }\ 2\ 1 \end{array}$$

8
$$\begin{array}{r} 3\ 7\ \boxed{\ } \\ +\ 1\ 4\ 8 \\ \hline \boxed{\ }\ 2\ 5 \end{array}$$

9
$$\begin{array}{r} 8\ 5\ \boxed{\ } \\ +\ 3\ \boxed{\ }\ 9 \\ \hline 1\ 2\ 3\ 4 \end{array}$$

10
$$\begin{array}{r} 6\ 9\ 8 \\ +\ \boxed{\ }\ 3\ 7 \\ \hline 8\ \boxed{\ }\ \boxed{\ } \end{array}$$

11
$$\begin{array}{r} 4\ \boxed{\ }\ 6 \\ +\ 1\ 7\ 5 \\ \hline \boxed{\ }\ 2\ \boxed{\ } \end{array}$$

12
$$\begin{array}{r} 7\ 6\ 5 \\ +\ 5\ 4\ \boxed{\ } \\ \hline 1\ \boxed{\ }\ \boxed{\ }\ 4 \end{array}$$

		1	1	
	7	6	4	
+	2	5	7	
1	0	2	1	

받아올림이 있는 경우
바로 윗자리 계산에 1을 더해 주는 것을 꼭 기억해요.

🐾 □ 안에 알맞은 수를 써넣으세요.

①

```
    3  9  2
+   1  7  □
  □  □  0
```

②

```
  □  4  9
+ 2  6  5
  4  □  □
```

③

```
    3  7  8
+   6  □  4
  □  □  3  □
```

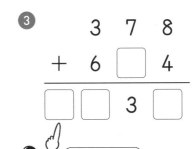

받아올림한 수는
항상 1이에요.

④

```
    1  6  5
+   □  5  7
  3  □  □
```

⑤

```
    5  8  □
+   3  8  4
  □  □  1
```

⑥

```
    9  □  8
+   4  6  8
  □  □  0  □
```

⑦

```
    □  2  9
+   5  8  4
  7  □  □
```

⑧

```
    1  7  6
+   8  □  9
  □  □  4  □
```

⑨

```
    5  8  □
+   9  2  6
  □  □  □  3
```

⑩

```
    2  3  □
+   3  □  5
  □  4  2
```

⑪

```
    6  5  □
+   7  □  4
  □  □  0  3
```

⑫

```
    9  7  □
+   5  □  6
  □  □  5  1
```

□ 안에 알맞은 수를 써넣으세요.

1
```
    4 7 9
+ □ 4 1
─────────
    7 2 □
```

2
```
  8 □ 4
+ 7 5 8
─────────
1 6 2 □
```

3
```
  1 □ 7
+ □ 3 6
─────────
  4 2 □
```

4
```
  2 □ 2
+ □ 9 8
─────────
  5 7 □
```

5
```
  2 □ 4
+ 6 4 □
─────────
  □ 0 1
```

6
```
  7 □ 5
+ □ 6 5
─────────
1 4 2 □
```

7
```
  1 □ 6
+ 2 6 □
─────────
  □ 4 4
```

8
```
  5 □ 9
+ □ 4 7
─────────
  9 0 □
```

9
```
  5 □ 9
+ 4 7 □
─────────
1 □ 4 8
```

10
```
  3 □ 8
+ 2 5 □
─────────
  □ 3 2
```

11
```
  6 □ 7
+ 1 9 □
─────────
  □ 4 5
```

12
```
  9 □ 5
+ 1 8 □
─────────
1 □ 0 1
```

🐾 각 덧셈식에서 같은 모양은 같은 숫자를 나타냅니다. 모양에 알맞은 숫자를 각각 구하세요.

❶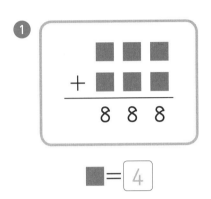

■ = 4

❷

▲ = ☐

❸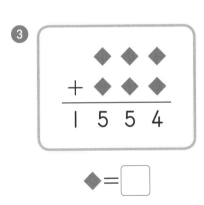

◆ = ☐

❹

★ = ☐

❺

■ = ☐, ● = ☐

❻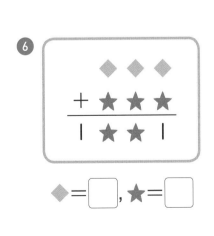

◆ = ☐, ★ = ☐

천의 자리로 받아올림한 수는
1이니까 ●는 1이 돼요.

🐾 덧셈을 하세요.

①
```
  4 6 5
+     5
```

②
```
  2 3 5
+   4 7
```

③
```
  1 5 4
+ 5 2 3
```

④
```
  3 7 3
+ 1 6 2
```

⑤
```
  6 2 1
+ 2 3 4
```

⑥
```
  7 1 3
+ 4 5 6
```

⑦
```
  2 4 7
+ 1 8 6
```

⑧
```
  5 3 9
+ 8 1 2
```

⑨
```
  4 7 8
+ 3 2 9
```

⑩
```
  3 9 6
+ 7 2 5
```

⑪
```
  1 6 5
+ 9 4 8
```

⑫
```
  6 4 7
+ 9 2 5
```

🐾 덧셈을 하세요.

①
```
   1 6 4
 + 4 2 8
```

②
```
   4 1 7
 + 6 8 6
```

③
```
   5 4 7
 + 2 3 1
```

④
```
   3 4 6
 + 2 5 1
```

⑤
```
   2 5 3
 + 3 9 2
```

⑥
```
   7 3 6
 + 4 2 8
```

⑦
```
   5 8 9
 + 9 5 2
```

⑧
```
   3 9 3
 + 6 4 7
```

⑨
```
   6 5 4
 + 5 7 3
```

⑩ $135 + 343 + 376 =$

⑪ $285 + 162 + 413 =$

⑫ $415 + 139 + 257 =$

⑬ $362 + 214 + 582 =$

🐾 ☐ 안에 알맞은 수를 써넣으세요.

① 393보다 264 큰 수: ☐

② 100이 2개, 10이 7개, 1이 4개인 수보다 295 큰 수: ☐

③ 100이 2개, 10이 8개, 1이 11개인 수보다 295 큰 수: ☐

④ 535에서 10씩 4번 뛰어 센 수보다 235 큰 수: ☐

⑤ 290에서 10씩 3번 뛰어 센 수보다 173 큰 수: ☐

⑥
```
    1 4 3
+   ☐ 3 8
─────────
    7 8 ☐
```

⑦
```
    3 ☐ 4
+   ☐ 7 5
─────────
    5 0 9
```

⑧
```
    2 7 6
+   1 3 ☐
─────────
    ☐ 1 3
```

⑨
```
    5 1 ☐
+   5 7 8
─────────
  1 ☐ ☐ 2
```

⑩
```
    ☐ 9 5
+   8 2 3
─────────
    ☐ 2 1 ☐
```

⑪
```
    6 2 ☐
+   7 ☐ 4
─────────
  1 3 4 2
```

승차권에 적힌 식의 결과가 큰 순서대로 빨리 출발하는 기차를 탈 수 있습니다.
기차 출발 시각을 찾아 이어 보세요.

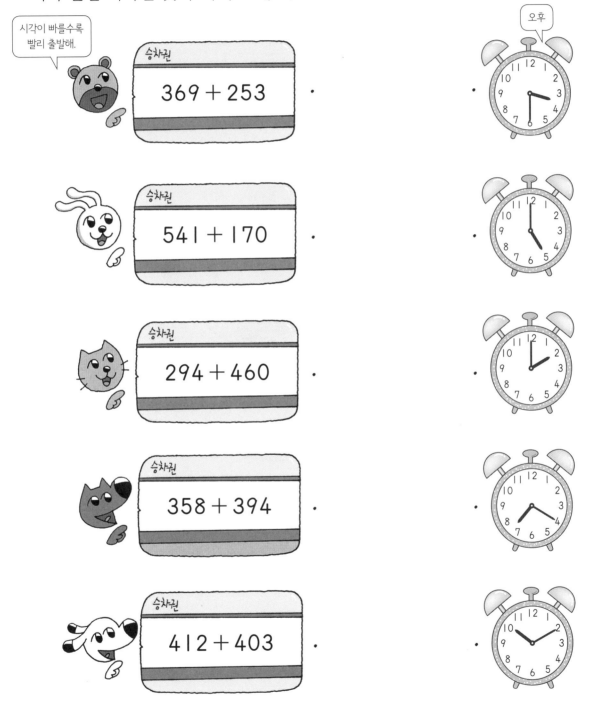

진희네 집 주변에는 학교, 병원, 경찰서, 은행이 있습니다. 이 중에서 진희네 집에서 가장 가까운 곳을 찾아 ○표 하세요.

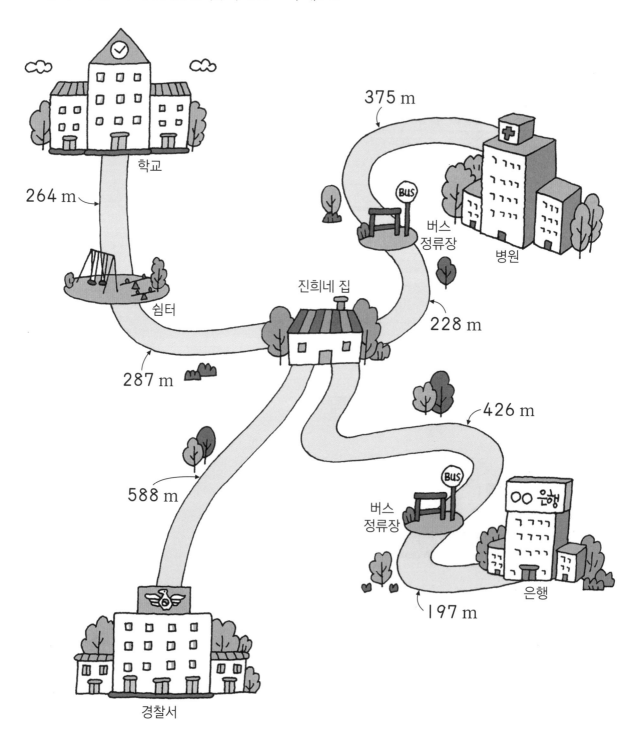

셋째 마당

덧셈 실력 쌓기

네 자리 수의 덧셈은 세 자리 수의 덧셈에서 자릿수가 한 자리 더 늘어났을 뿐 계산하는 방법은 똑같아요. 갈고 닦은 덧셈 실력으로 다양한 유형의 문제를 풀며 실력을 쌓아 봐요.

	공부할 내용!	완료	10일 진도	20일 진도
18	자릿수가 늘어나도 계산 방법은 똑같아	☐	8일차	14일차
19	덧셈은 항상 같은 자리 수끼리 계산해	☐	8일차	15일차
20	원리만 알면 다 풀 수 있는 덧셈	☐	9일차	16일차
21	실수 없게! 덧셈 집중 연습	☐	9일차	17일차
22	숫자 카드로 사고력 연산 열기	☐	9일차	18일차
23	덧셈식과 뺄셈식의 관계 이용하기	☐	10일차	19일차
24	덧셈 실력 쌓기 종합 문제	☐	10일차	20일차

18 자릿수가 늘어나도 계산 방법은 똑같아

☆ 받아올림이 없는 (네 자리 수)+(네 자리 수)

```
    천 백 십 일
      3 2 4 1
  +   2 6 2 2
      5 8 6 3
      ④ ③ ② ①
```

❶ 일의 자리 계산: 1+2=3

❷ 십의 자리 계산: 4+2=6

❸ 백의 자리 계산: 2+6=8

❹ 천의 자리 계산: 3+2=5

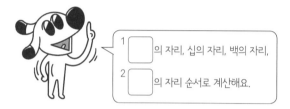

1 [ ]의 자리, 십의 자리, 백의 자리,

2 [ ]의 자리 순서로 계산해요.

각 자리 수끼리의 합은
각 자리의 아래에 써요.

바빠 꿀팁!

• 네 자리 수 5863의 각 자리의 숫자와 나타내는 값

숫자	천의 자리	백의 자리	십의 자리	일의 자리
	5	8	6	3

나타내는 값	천의 자리	백의 자리	십의 자리	일의 자리
	5	0	0	0
		8	0	0
			6	0
				3

5863에서
5는 천의 자리 숫자이고 5000을,
8은 백의 자리 숫자이고 800을,
6은 십의 자리 숫자이고 60을,
3은 일의 자리 숫자이고 3을
나타내요.

아하! 그럼 3241+2622=5863에서
5는 실제로 5000을 나타내겠구나!

덧셈을 하세요.

① 　 3000
　+　 800

② 　 2500
　+　 420

③ 　 4200
　+　 600

④ 　 1570
　+4300

⑤ 　 2450
　+5240

⑥ 　 6240
　+2310

⑦ 　 3264
　+4215

⑧ 　 5437
　+3261

⑨ 　 4313
　+2632

⑩ 　 7142
　+1637

⑪ 　 1853
　+2104

⑫ 　 8526
　+1423

덧셈을 하세요.

①
```
   1 2 3 4
+  1 7 5 2
```

②
```
   1 3 6 5
+  2 4 1 3
```

③
```
   4 1 4 3
+  1 5 5 2
```

④
```
   2 6 4 2
+  3 1 4 5
```

⑤
```
   5 4 3 6
+  1 3 6 2
```

⑥
```
   2 5 1 7
+  4 2 3 1
```

⑦
```
   1 7 9 4
+  6 2 0 1
```

⑧
```
   3 5 4 2
+  4 2 1 3
```

⑨
```
   7 2 5 0
+  1 3 2 9
```

⑩
```
   4 5 3 8
+  1 4 2 1
```

⑪
```
   2 4 8 3
+  2 2 0 5
```

⑫
```
   1 6 2 5
+  8 2 6 4
```

🐾 다음 문장을 읽고 문제를 풀어 보세요.

1 부산으로 가는 기차에 어른이 2544명, 어린이가 153명 탔습니다. 이 부산행 기차에 탄 승객은 모두 몇 명일까요?

_____

2 하루 동안 제주도로 가는 비행기에 남자가 1362명, 여자가 1617명 탔습니다. 하루 동안 제주도행 비행기에 탄 승객은 모두 몇 명일까요?

_____

3 한 달 동안 종이학을 현주는 1304개, 지영이는 1052개 접었습니다. 두 사람이 한 달 동안 접은 종이학은 모두 몇 개일까요?

_____

4 성하네 집에서 학교까지의 거리는 1024 m입니다. 성하가 집에서 학교까지 자전거를 타고 다녀왔다면 자전거를 탄 거리는 모두 몇 m일까요?

성하네 집   학교
1024 m

_____

속닥속닥
4 성하네 집에서 학교까지의 거리와 학교에서 성하네 집까지의 거리는 같아요.

19 덧셈은 항상 같은 자리 수끼리 계산해

☆ 받아올림이 1번 있는 (네 자리 수)+(네 자리 수)

• 일의 자리에서 받아올림이 있는 경우

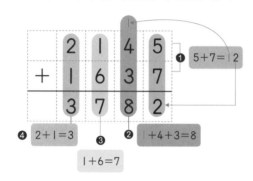

네 자리 수의 덧셈에서도 계산 방법은 같아요!!

• 십의 자리에서 받아올림이 있는 경우

십의 자리에서 받아올림한 수

	4	2	7	6
+	1	5	4	0
	5	8	1	6

• 백의 자리에서 받아올림이 있는 경우

백의 자리에서 받아올림한 수

	1	5	3	2
+	4	9	6	7
	6	4	9	9

☆ 받아올림이 2번 있는 (네 자리 수)+(네 자리 수)

	3	2	4	7
+	2	5	7	8
	5	8	2	5

❶ 일의 자리 계산: 7+8=15

❷ 십의 자리 계산: 1+4+7=12

❸ 백의 자리 계산: 1+2+5=8

❹ 천의 자리 계산: 3+2=5

일의 자리에서 받아올림한 수는 십의 자리 위에!

십의 자리에서 받아올림한 수는 백의 자리 위에!

백의 자리에서 받아올림한 수는 천의 자리 위에 작게 써요.

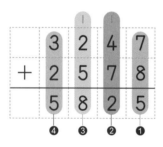

어느 자리에 받아올림이 있는지 집중해서 문제를 풀면
이번 단계도 금방 풀 수 있을 거예요.

🐾 덧셈을 하세요.

①
```
  2 1 4 4
+ 1 5 3 9
```

②
```
  3 8 7 2
+ 1 0 5 4
```

③
```
  1 8 3 5
+ 1 6 2 3
```

④
```
  4 3 9 2
+ 2 4 3 5
```

⑤
```
  5 6 2 4
+ 1 7 2 3
```

⑥
```
  2 5 2 4
+ 2 1 6 7
```

⑦
```
  3 4 2 5
+ 4 8 5 1
```

⑧
```
  2 1 2 9
+ 3 6 4 3
```

⑨
```
  1 6 3 8
+ 7 2 4 8
```

⑩
```
  6 2 7 3
+ 1 6 8 5
```

⑪
```
  7 3 6 5
+ 2 1 2 7
```

⑫
```
  3 8 3 2
+ 5 9 2 4
```

🐾 덧셈을 하세요.

①
```
   3 6 5 2
 + 1 2 5 3
```

②
```
   2 3 1 5
 + 1 8 7 2
```

일의 자리부터 차근차근,
한 자리 수 계산을
네 번 한다고 생각해요.

③
```
   5 1 4 7
 + 3 6 4 5
```

④
```
   1 3 9 6
 + 3 5 2 2
```

⑤
```
   3 6 5 3
 + 4 9 1 4
```

⑥
```
   2 5 7 2
 + 2 1 3 6
```

⑦
```
   3 4 1 5
 + 2 5 6 8
```

⑧
```
   1 8 6 1
 + 5 2 3 7
```

⑨
```
   4 3 2 5
 + 1 6 4 8
```

⑩
```
   6 9 3 4
 + 2 8 6 1
```

⑪
```
   5 4 8 6
 + 2 4 3 3
```

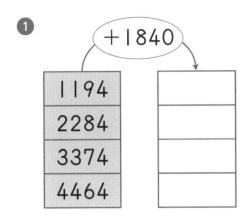

쉬운 응용 문제로 기초 사고력을 키워 봐요!

🐾 빈칸에 알맞은 수를 써넣으세요.

①

+1840

1194	
2284	
3374	
4464	

더해지는 수의 어느 자리 숫자가
커지는지 또는 작아지는지 확인하고,
계산 결과와 비교하면 같은 자리 숫자가
커지거나 작아지는 걸 발견할 수 있을 거예요.

확인

②

+4285

2255	
2346	
2437	
2528	

③

+1957

3135	
4126	
5217	
6308	

④

+3463

3764	
3655	
3546	
3437	

⑤

+4276

1354	
2445	
3536	
4627	

20 원리만 알면 다 풀 수 있는 덧셈

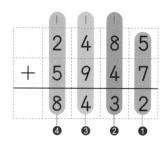

☆ 받아올림이 3번 있는 (네 자리 수)＋(네 자리 수)

$$\begin{array}{r} 2\ 4\ 8\ 5 \\ +\ 5\ 9\ 4\ 7 \\ \hline 8\ 4\ 3\ 2 \end{array}$$

❹ ❸ ❷ ❶

❶ 일의 자리 계산: $5+7=12$

❷ 십의 자리 계산: $1+8+4=13$

❸ 백의 자리 계산: $1+4+9=14$

❹ 천의 자리 계산: $1+2+5=8$

① 일의 자리, 십의 자리, 백의 자리, ¹ [ ]의 자리 순서로 계산합니다.

② 각 자리 수의 합이 10이거나 ² [ ]보다 크면 바로 윗자리로 받아올림합니다.

☆ 만의 자리까지 받아올림이 있는 (네 자리 수)＋(네 자리 수)

$$\begin{array}{r} 3\ 6\ 1\ 8 \\ +\ 7\ 6\ 4\ 9 \\ \hline 1\ 1\ 2\ 6\ 7 \end{array}$$

❹ ❸ ❷ ❶

❶ 일의 자리 계산: $8+9=17$

❷ 십의 자리 계산: $1+1+4=6$

❸ 백의 자리 계산: $6+6=12$

❹ 천의 자리 계산: $1+3+7=11$

만의 자리예요.

천의 자리에서 받아올림한 수는 ³ [ ]의 자리 위에 작게 쓰지 않고 만의 자리에 바로 씁니다.

받아올림한 수가 없는데 습관처럼 받아올림한 적은 없나요?
더해 주지 않아도 되는 수를 괜히 더해 주지는 말아요.

🐾 덧셈을 하세요.

① $$\begin{array}{r} 3\,5\,3\,6 \\ +\,1\,5\,7\,4 \\ \hline \end{array}$$

② $$\begin{array}{r} 2\,9\,7\,4 \\ +\,4\,5\,2\,8 \\ \hline \end{array}$$

받아올림을 하면 바로
윗자리 수는 1 커져요.

③ $$\begin{array}{r} 2\,3\,4\,7 \\ +\,1\,6\,5\,3 \\ \hline \end{array}$$

④ $$\begin{array}{r} 1\,9\,8\,7 \\ +\,1\,3\,4\,8 \\ \hline \end{array}$$

⑤ $$\begin{array}{r} 6\,5\,4\,3 \\ +\,2\,5\,6\,7 \\ \hline \end{array}$$

⑥ $$\begin{array}{r} 1\,8\,5\,3 \\ +\,4\,6\,8\,9 \\ \hline \end{array}$$

⑦ $$\begin{array}{r} 2\,4\,9\,5 \\ +\,2\,5\,1\,8 \\ \hline \end{array}$$

⑧ $$\begin{array}{r} 3\,1\,5\,5 \\ +\,4\,9\,6\,9 \\ \hline \end{array}$$

⑨ $$\begin{array}{r} 4\,2\,4\,6 \\ +\,2\,7\,5\,4 \\ \hline \end{array}$$

⑩ $$\begin{array}{r} 5\,3\,7\,9 \\ +\,7\,0\,4\,9 \\ \hline \end{array}$$

⑪ $$\begin{array}{r} 4\,7\,2\,5 \\ +\,8\,4\,3\,6 \\ \hline \end{array}$$

😺 덧셈을 하세요.

①   1 2 7 8
  + 1 7 5 2

②   1 6 2 7
  + 2 7 9 6

③   3 9 6 4
  + 1 3 4 7

④   2 6 2 8
  + 2 9 7 4

⑤   3 4 8 3
  + 2 7 6 8

⑥   1 7 5 9
  + 4 9 7 6

⑦   5 4 7 1
  + 1 9 2 9

⑧   2 5 6 7
  + 2 7 3 4

⑨   1 8 6 6
  + 6 2 3 7

⑩   2 5 4 2
  + 9 8 1 9

⑪   4 3 9 6
  + 7 3 1 6

⑫   7 5 8 8
  + 2 8 3 6

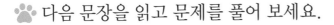

🐾 다음 문장을 읽고 문제를 풀어 보세요.

1 농장에서 귤 1894개와 사과 1259개를 땄습니다. 농장에서 딴 귤과 사과는 모두 몇 개일까요?

_____

2 제과점에서 케이크를 지난해에는 2294개 팔았고, 올해에는 1839개 팔았습니다. 제과점에서 지난해와 올해에 판 케이크는 모두 몇 개일까요?

_____

3 민주는 문구점에서 8500원짜리 물감 1세트와 1700원짜리 스케치북 1권을 샀습니다. 민주가 내야할 돈은 얼마일까요?

_____

8500원   1700원

4 경호는 매일 아침 길이가 1568 m인 호수 둘레를 한 바퀴씩 뜁니다. 경호가 어제와 오늘 아침에 뛴 거리는 모두 몇 m일까요?

_____

4 호수 둘레를 한 바퀴 뛰었다는 것은 호수의 가장자리를 한 바퀴 뛴 거리와 같아요.

21 실수 없게! 덧셈 집중 연습

☆ 실수하기 쉬운 (네 자리 수)+(네 자리 수)의 덧셈

실수 1 받아올림이 없는데 받아올림을 한 경우

틀린 계산

	1	3	7	4
+	6	5	2	6
	8	9	0	0

바른 계산

	1	3	7	4
+	6	5	2	6
	7	9	0	0

1 ◻의 자리에서 받아올림한 수가 없는데 천의 자리에 1을 더해서 틀렸어요.

실수 2 받아올림한 수의 자리를 잘못 써써 계산하지 않은 경우

틀린 계산

	2	6	1	8
+	5	3	2	6
7	9	3	1	4

바른 계산

		1		
	2	6	1	8
+	5	3	2	6
	7	9	4	4

일의 자리에서 받아올림한 수를 십의 자리에 그대로 써서 틀렸어요.

이때 받아올림한 수는 2 ◻의 자리를 계산할 때 더해 줘요.

실수 3 받아올림을 하지 않은 경우

틀린 계산

	3	4	2	5
+	1	8	5	7
	4	2	7	2

바른 계산

	1		1	
	3	4	2	5
+	1	8	5	7
	5	2	8	2

3 ◻의 자리, 백의 자리에서 받아올림이 있는데 받아올림을 하지 않아 틀렸어요.

```
 | | |
8 8 8 8
+2 2 2 2
1 1 1 1 0
```
합이 10이 되는 두 수가 천, 백, 십, 일의 자리에 있으면
일의 자리 결과만 0이 되고 만, 천, 백, 십의 자리는 1이 돼요.

🐾 덧셈을 하세요.

①
```
  1 9 2 7
+   6 8 5
```

②
```
  3 4 5 6
+   5 9 9
```

③
```
  6 5 6 7
+   7 5 4
```

④
```
  2 6 8 5
+   3 7 9
```

⑤
```
  4 7 6 3
+   9 3 7
```

⑥
```
  8 3 4 8
+   8 9 5
```

⑦
```
  1 9 7 6
+3 2 2 5
```

⑧
```
  2 5 4 9
+4 5 7 8
```

⑨
```
  5 3 8 7
+4 8 2 6
```

⑩
```
  1 1 1 1
+9 9 9 9
```

⑪
```
  7 7 7 7
+3 3 3 3
```

⑫
```
  4 4 4 4
+6 6 6 6
```

🐾 덧셈을 하세요.

①
$$\begin{array}{r} 2929 \\ +1461 \\ \hline \end{array}$$

②
$$\begin{array}{r} 4345 \\ +2797 \\ \hline \end{array}$$

③
$$\begin{array}{r} 3868 \\ +1558 \\ \hline \end{array}$$

④
$$\begin{array}{r} 1743 \\ +1889 \\ \hline \end{array}$$

⑤
$$\begin{array}{r} 2625 \\ +4778 \\ \hline \end{array}$$

⑥
$$\begin{array}{r} 3333 \\ +5667 \\ \hline \end{array}$$

⑦
$$\begin{array}{r} 4994 \\ +1556 \\ \hline \end{array}$$

⑧
$$\begin{array}{r} 3999 \\ +4999 \\ \hline \end{array}$$

⑨
$$\begin{array}{r} 6632 \\ +1779 \\ \hline \end{array}$$

⑩
$$\begin{array}{r} 4447 \\ +5678 \\ \hline \end{array}$$

⑪
$$\begin{array}{r} 8888 \\ +8118 \\ \hline \end{array}$$

⑫
$$\begin{array}{r} 9573 \\ +4648 \\ \hline \end{array}$$

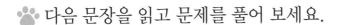

🐾 다음 문장을 읽고 문제를 풀어 보세요.

➊ 민후네 학교 남학생은 1027명이고, 여학생은 987명입니다. 민후네 학교 학생은 모두 몇 명일까요?

＿＿＿＿＿＿＿

➋ 역사 박물관에 방문한 사람이 지난주에는 1984명, 이번 주에는 2103명입니다. 지난주와 이번 주에 역사 박물관에 방문한 사람은 모두 몇 명일까요?

＿＿＿＿＿＿＿

➌ 딸기맛 우유 1084 mL, 바나나맛 우유 1359 mL가 있습니다. 딸기맛 우유와 바나나맛 우유는 모두 몇 mL일까요?

＿＿＿＿＿＿＿

1084 mL   1359 mL

➍ 문구점에서 연필을 지난달에는 1890자루, 이번 달에는 1205자루 팔았습니다. 이 문구점에서 지난달과 이번 달에 판 연필은 모두 몇 자루일까요?

＿＿＿＿＿＿＿

숫자 카드로 사고력 연산 열기

| 4 | 7 | 6 | 8 |

가장 큰 수를 만들 때 카드 4장 중 3장,
둘째로 큰 수를 만들 때도
카드 4장 중 3장을 골라 사용해요!

☆ 숫자 카드로 합이 가장 큰 (세 자리 수)+(세 자리 수) 만들기

❶ 큰 수부터 차례로 놓기 ➡ **❷ 가장 큰 수와 둘째로 큰 수의 덧셈식 만들기**

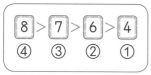

	백의 자리	십의 자리	일의 자리			백의 자리	십의 자리	일의 자리
가장 큰 수:	④	③	②	→		8	7	6
둘째로 큰 수:	④	③	①	→	+	8	7	4
					1	7	5	0

합이 가장 큰 덧셈식 ➡ 더하는 두 수가 클수록 합이 큽니다.

➡ (가장 ^{1} ☐ 수)+(둘째로 큰 수)

$$=876+874=^2 ☐$$

☆ 숫자 카드로 합이 가장 작은 (세 자리 수)+(세 자리 수) 만들기

❶ 작은 수부터 차례로 놓기 ➡ **❷ 가장 작은 수와 둘째로 작은 수의 덧셈식 만들기**

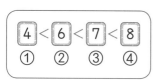

	백의 자리	십의 자리	일의 자리			백의 자리	십의 자리	일의 자리
가장 작은 수:	①	②	③	→		4	6	7
둘째로 작은 수:	①	②	④	→	+	4	6	8
						9	3	5

합이 가장 작은 덧셈식 ➡ 더하는 두 수가 작을수록 합이 작습니다.

➡ (가장 ^{3} ☐ 수)+(둘째로 작은 수)

$$=467+468=^4 ☐$$

합이 가장 큰 (세 자리 수)+(세 자리 수)는 가장 큰 수와 둘째로 큰 수를 더하면 돼요.
가장 큰 수는 가장 큰 숫자 카드를 가장 높은 자리에 놓아요.

🐾 숫자 카드를 한 번씩 사용하여 만들 수 있는 세 자리 수로 합이 가장 큰 (세 자리 수)+(세 자리 수)의 덧셈식을 만들고, 합을 구하세요.

1 [5] [3] [6] [1]

[ ][ ][ ] ←가장 큰 수
+ [ ][ ][ ] ←둘째로 큰 수

2 [5] [2] [8] [0]

[ ][ ][ ] ←가장 큰 수
+ [ ][ ][ ] ←둘째로 큰 수

3 [4] [8] [7] [2]

[ ][ ][ ] ←가장 큰 수
+ [ ][ ][ ] ←둘째로 큰 수

4 [6] [7] [5] [4]

[ ][ ][ ] ←가장 큰 수
+ [ ][ ][ ] ←둘째로 큰 수

백	십	일
가장 큰 수	가장 작은 수	둘째로 큰 수

둘째로 큰 수는 (위 표)로 만들어요.

5 [2] [9] [8]

[ ][ ][ ] ←가장 큰 수
+ [ ][ ][ ] ←둘째로 큰 수

6 [9] [4] [6]

[ ][ ][ ] ←가장 큰 수
+ [ ][ ][ ] ←둘째로 큰 수

🐾 숫자 카드를 한 번씩 사용하여 만들 수 있는 세 자리 수로 합이 가장 작은 (세 자리 수)+(세 자리 수)의 덧셈식을 만들고, 합을 구하세요.

① 2 9 1 3

□□□ ← 가장 작은 수
+ □□□ ← 둘째로 작은 수

② 5 2 7 3

□□□ ← 가장 작은 수
+ □□□ ← 둘째로 작은 수

③ 4 5 6 1

□□□ ← 가장 작은 수
+ □□□ ← 둘째로 작은 수

④ 8 7 3 5

□□□ ← 가장 작은 수
+ □□□ ← 둘째로 작은 수

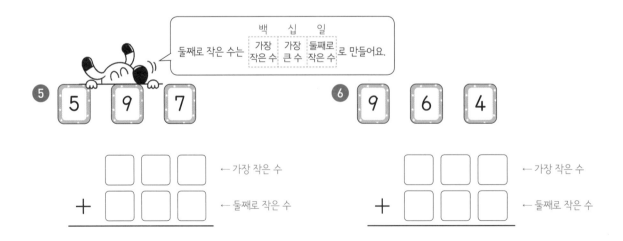

백	십	일
가장 작은 수	가장 큰 수	둘째로 작은 수

둘째로 작은 수는 □□□로 만들어요.

⑤ 5 9 7

□□□ ← 가장 작은 수
+ □□□ ← 둘째로 작은 수

⑥ 9 6 4

□□□ ← 가장 작은 수
+ □□□ ← 둘째로 작은 수

🐾 다음 문장을 읽고 문제를 풀어 보세요.

❶ 숫자 카드를 한 번씩 사용하여 만들 수 있는 세 자리 수로
합이 가장 큰 (세 자리 수)+(세 자리 수)의 합을 구하세요.

2	8	6	9

_____

❷ 숫자 카드를 한 번씩 사용하여 만들 수 있는 세 자리 수로 합
이 가장 작은 (세 자리 수)+(세 자리 수)의 합을 구하세요.

0	5	4	6

_____

• 가장 작은 수를 만들 때

↳ 가장 높은 자리에는
0을 놓을 수 없어요.

❸ 1부터 9까지의 수를 카드에 한 번씩 써넣어 식을 만들려고
합니다. 합이 가장 클 때와 가장 작을 때의 합을 구하세요.

합이 가장 클 때: _____

합이 가장 작을 때: _____

☆ 어떤 수를 구하여 계산하기

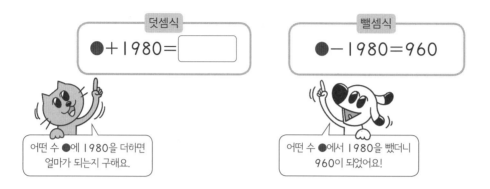

덧셈식
$●+1980=\boxed{}$

뺄셈식
$●-1980=960$

어떤 수 ●에 1980을 더하면
얼마가 되는지 구해요.

어떤 수 ●에서 1980을 뺐더니
960이 되었어요!

❶ 뺄셈식에서 어떤 수 ●를 구합니다.
모르는 값이 1개인 식

$●-1980=960$

$→ ●=960+1980$

$➡ ●=2940$

모르는 값이 1개인
식부터 해결하자!

❷ ❶에서 구한 ●의 값을 덧셈식에 넣어 계산 결과를 구합니다.

$●+1980 \xrightarrow{\ ●=2940\ } 2940+1980=\boxed{4920}$

$▲+●=■$
$→\begin{cases}■-●=▲\\■-▲=●\end{cases}$

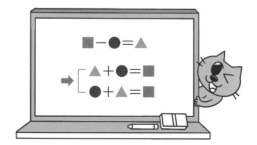

$■-●=▲$
$→\begin{cases}▲+●=■\\●+▲=■\end{cases}$

두 식에서 ●와 □에 알맞은 값을 구하세요.

1

●+450=□
●−450=870

●= ~~1320~~

□= ~~1770~~

2

●+280=□
●−280=760

●=

□=

3

●+890=□
●−890=680

●=

□=

4

●+623=□
●−623=902

●=

□=

5

●+669=□
●−669=4175

●=

□=

6

●+659=□
●−659=2318

●=

□=

7

●+2635=□
●−2635=1004

●=

□=

🐾 식을 보고 ☐ 안에 알맞은 수를 써넣으세요.

● ● + 2465 = $\boxed{5872}$

   ● − 2465 = 942

② ● + 4481 = ☐

   ● − 4481 = 57

③ ● + 2270 = ☐

   ● − 2270 = 3546

④ ● + 3908 = ☐

   ● − 3908 = 1159

⑤ ● + 370 = ☐

   ● − 370 = 4365

⑥ ● + 1423 = ☐

   ● − 1423 = 2310

⑦ ● + 2101 = ☐

   ● − 2101 = 2581

⑧ ● + 4206 = ☐

   ● − 4206 = 1054

⑨ ● + 3850 = ☐

   ● − 3850 = 1171

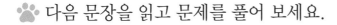

🐾 다음 문장을 읽고 문제를 풀어 보세요.

❶ 두 식 ●+168=☐, ●−168=71 에서 ☐ 안에 알맞은
수를 구하세요.

_____

❷ 주어진 식을 보고 ●와 ☐에 알맞은 값을 구하세요.

$$●+736=☐$$
$$●-736=1833$$

●= _____ , ☐= _____

❸ 596에 어떤 수를 더해야 할 것을 잘못하여 뺐더니 98이
되었습니다. 바르게 계산한 값을 구하세요.

어떤 수=●

_____

❹ 어떤 수에 1023을 더해야 할 것을 잘못하여 뺐더니 4442
가 되었습니다. 바르게 계산한 값을 구하세요.

_____

🐾 덧셈을 하세요.

①
```
   2 0 1 6
+    4 3 2
```

②
```
   1 6 5 2
+ 3 2 1 6
```

③
```
   7 5 1 4
+    1 8 3
```

④
```
   4 2 8 1
+ 3 0 5 7
```

⑤
```
   1 9 4 5
+ 2 6 1 3
```

⑥
```
   2 1 7 2
+ 7 4 8 4
```

⑦
```
   7 9 3 8
+ 1 4 2 9
```

⑧
```
   2 8 1 4
+ 4 3 9 2
```

⑨
```
   3 8 2 7
+ 5 3 1 7
```

⑩
```
   2 3 5 7
+ 3 8 6 4
```

⑪
```
   3 6 4 8
+ 1 9 5 6
```

⑫
```
   2 7 9 2
+ 5 3 0 8
```

🐾 덧셈을 하세요.

①
$$\begin{array}{r} 5238 \\ +620 \\ \hline \end{array}$$

②
$$\begin{array}{r} 1867 \\ +2779 \\ \hline \end{array}$$

③
$$\begin{array}{r} 2473 \\ +4315 \\ \hline \end{array}$$

④
$$\begin{array}{r} 5437 \\ +1316 \\ \hline \end{array}$$

⑤
$$\begin{array}{r} 1986 \\ +4255 \\ \hline \end{array}$$

⑥
$$\begin{array}{r} 4273 \\ +1964 \\ \hline \end{array}$$

⑦
$$\begin{array}{r} 6123 \\ +1452 \\ \hline \end{array}$$

⑧
$$\begin{array}{r} 3674 \\ +2521 \\ \hline \end{array}$$

⑨
$$\begin{array}{r} 5156 \\ +2248 \\ \hline \end{array}$$

⑩
$$\begin{array}{r} 6302 \\ +3278 \\ \hline \end{array}$$

⑪
$$\begin{array}{r} 1695 \\ +1217 \\ \hline \end{array}$$

⑫
$$\begin{array}{r} 4589 \\ +3947 \\ \hline \end{array}$$

🐾 덧셈을 하세요.

①
$$\begin{array}{r} 1852 \\ +1297 \\ \hline \end{array}$$

②
$$\begin{array}{r} 2749 \\ +4513 \\ \hline \end{array}$$

③
$$\begin{array}{r} 5174 \\ +1694 \\ \hline \end{array}$$

④
$$\begin{array}{r} 3857 \\ +1796 \\ \hline \end{array}$$

⑤
$$\begin{array}{r} 4964 \\ +3215 \\ \hline \end{array}$$

⑥
$$\begin{array}{r} 1854 \\ +7376 \\ \hline \end{array}$$

🐾 식을 보고 ☐ 안에 알맞은 수를 써넣으세요.

⑦ ● + 2524 = ☐
　● − 2524 = 27

⑧ ● + 4274 = ☐
　● − 4274 = 171

⑨ ● + 542 = ☐
　● − 542 = 1897

⑩ ● + 3598 = ☐
　● − 3598 = 498

⑪ ● + 2478 = ☐
　● − 2478 = 310

⑫ ● + 1927 = ☐
　● − 1927 = 1024

금고의 비밀번호는 주어진 3개의 숫자를 한 번씩 사용하여 만들 수 있는 세 자리 수로 합이 가장 큰 (세 자리 수)+(세 자리 수)의 덧셈식을 만들었을 때 계산 결과입니다. 비밀번호를 풀어 보세요.

🐾 가로와 세로의 열쇠를 풀어 빈칸에 알맞은 수를 써넣으세요.

1065와
2336의 합은?

정답!   정답!

가로 열쇠

❸ 375+458

❺ 3490+3957

❻ 524+197

❾ 96+144

세로 열쇠

❶ 256+197

❷ 184+353

❹ 1065+2336

❼ 463+259

❽ 200+650

바쁜

3·4학년을 위한

빠른 덧셈

 정답

맨날 노는데
수학 잘하는 너!
도대체 비결이
뭐야?

① 정답을 확인한 후 틀린 문제는 ☆표를 쳐 놓으세요~.

② 그런 다음 연습장에 틀린 문제를 옮겨 적으세요.

③ 그리고 그 문제들만 한 번 더 풀어 보세요.

시간은 얼마 걸리지 않아요. 그러나 이때 실력이 확 붙는 거예요.
아는 문제를 여러 번 다시 푸는 건 시간 낭비예요.
내가 틀린 문제만 모아서 풀면 아무리 바쁘더라도
수학 실력을 키울 수 있어요!

비결은
간단해!

01

01단계 Ⓐ 　　　　　　　　　　　　　19쪽

① 37　　　② 69　　　③ 87
④ 80　　　⑤ 60　　　⑥ 50
⑦ 47　　　⑧ 75　　　⑨ 96
⑩ 68　　　⑪ 87　　　⑫ 98
⑬ 49　　　⑭ 75　　　⑮ 99

01단계 Ⓑ 　　　　　　　　　　　　　20쪽

① 27　　　② 58　　　③ 56
④ 79　　　⑤ 67　　　⑥ 58
⑦ 64　　　⑧ 69　　　⑨ 87
⑩ 49　　　⑪ 89　　　⑫ 85
⑬ 46　　　⑭ 88　　　⑮ 95

01단계 도전! 땅 짚고 헤엄치는 문장제 　　　21쪽

① 27명　　　　　② 39개
③ 69장　　　　　④ 58 cm

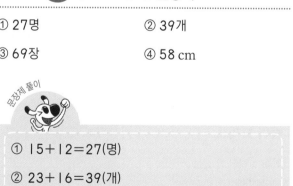

문장제 풀이

① 15＋12＝27(명)
② 23＋16＝39(개)
③ 15＋54＝69(장)
④ 끈 2개를 겹치지 않게 이어 붙인 길이는 끈 2개의
　 길이의 합과 같습니다.
　 26＋32＝58 (cm)

02

02단계 Ⓐ 　　　　　　　　　　　　　23쪽

① 43　　　② 63　　　③ 28
④ 40　　　⑤ 96　　　⑥ 42
⑦ 84　　　⑧ 57　　　⑨ 90
⑩ 63　　　⑪ 71

02단계 Ⓑ 　　　　　　　　　　　　　24쪽

① 100　　　② 104　　　③ 117
④ 135　　　⑤ 113　　　⑥ 158
⑦ 127　　　⑧ 169　　　⑨ 117
⑩ 139　　　⑪ 128

02단계 도전! 생각이 자라는 사고력 문제 　　25쪽

① 12　　　② 15　　　③ 20
④ 19　　　⑤ 36

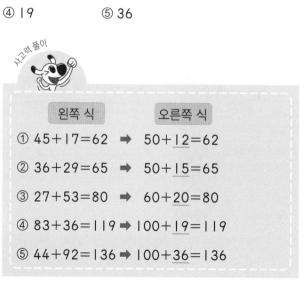

사고력 풀이

왼쪽 식	오른쪽 식
① 45＋17＝62　➡	50＋<u>12</u>＝62
② 36＋29＝65　➡	50＋<u>15</u>＝65
③ 27＋53＝80　➡	60＋<u>20</u>＝80
④ 83＋36＝119 ➡	100＋<u>19</u>＝119
⑤ 44＋92＝136 ➡	100＋<u>36</u>＝136

03단계 Ⓐ   27쪽

① 127	② 131	③ 127
④ 113	⑤ 150	⑥ 122
⑦ 104	⑧ 110	⑨ 151
⑩ 146	⑪ 132	⑫ 155

03단계 Ⓑ   28쪽

① 101	② 120	③ 130
④ 152	⑤ 142	⑥ 134
⑦ 125	⑧ 123	⑨ 152
⑩ 176		

03단계 도전! 생각이 자라는 사고력 문제   29쪽

① 100권	② 122마리
③ 125개	④ 153번

 사고력 풀이

① 56+44=100(권)

② 39+83=122(마리)

③ 58+67=125(개)

④ 68+85=153(번)

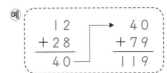

04단계 Ⓐ   31쪽

① 61 /

$$
\begin{array}{r} 14 \\ +28 \\ \hline 42 \end{array} \rightarrow \begin{array}{r} 42 \\ +19 \\ \hline 61 \end{array}
$$

② 81 /

$$
\begin{array}{r} 27 \\ +15 \\ \hline 42 \end{array} \rightarrow \begin{array}{r} 42 \\ +39 \\ \hline 81 \end{array}
$$

③ 81 /

$$
\begin{array}{r} 36 \\ +17 \\ \hline 53 \end{array} \rightarrow \begin{array}{r} 53 \\ +28 \\ \hline 81 \end{array}
$$

④ 110 /

$$
\begin{array}{r} 46 \\ +28 \\ \hline 74 \end{array} \rightarrow \begin{array}{r} 74 \\ +36 \\ \hline 110 \end{array}
$$

⑤ 162 /

$$
\begin{array}{r} 55 \\ +29 \\ \hline 84 \end{array} \rightarrow \begin{array}{r} 84 \\ +78 \\ \hline 162 \end{array}
$$

04단계 Ⓑ   32쪽

① 78 /

예

$$
\begin{array}{r} 21 \\ +39 \\ \hline 60 \end{array} \rightarrow \begin{array}{r} 60 \\ +18 \\ \hline 78 \end{array}
$$

② 119 /

예

$$
\begin{array}{r} 12 \\ +28 \\ \hline 40 \end{array} \rightarrow \begin{array}{r} 40 \\ +79 \\ \hline 119 \end{array}
$$

③ 107 /

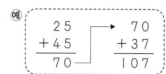

④ 118 /

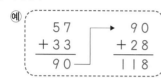

⑤ 125 /

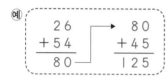

⑥ 129 /

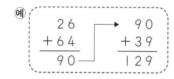

04단계 도전! 생각이 자라는 **사고력 문제**　33쪽

① 102　　② 88

③ 125　　④ 113

사고력 풀이

① 27+32+43=70+32=102

② 16+24+48=40+48=88

③ 25+54+46=25+100=125

④ 41+19+53=60+53=113

05

05단계 Ⓐ　35쪽

①　　1 3
　　+ 4 ③
　　　5 6

②　　2 ⑤
　　+ 2 7
　　　5 2

③　　3 9
　　+ 1 ⑦
　　　5 6

④　　① 4
　　+ 4 3
　　　5 7

⑤　　1 5
　　+ ⑥ 5
　　　8 0

⑥　　② 6
　　+ 3 8
　　　6 4

⑦　　1 4
　　+ ③ 7
　　　5 ①

⑧　　③ 8
　　+ 4 5
　　　8 ③

⑨　　1 9
　　+ ⑦ 8
　　　9 ⑦

⑩　　2 4
　　+ 6 ①
　　　⑧ 5

⑪　　7 8
　　+ 1 ⑨
　　　⑨ 7

⑫　　3 ⑨
　　+ 2 7
　　　⑥ 6

05단계 Ⓑ　36쪽

①　　① 1
　　+ 3 ⑤
　　　4 6

②　　4 ④
　　+ ② 8
　　　7 2

③　　④ 5
　　+ 3 ⑥
　　　8 1

④　　① 7
　　+ 6 ⑦
　　　8 4

⑤
```
  6 [6]
+ 2 [8]
  9 4
```

⑥
```
  [1] 8
+ [3] 7
    5 5
```

⑦
```
  5 [8]
+ [5] 1
1 0 9
```

⑧
```
  3 [4]
+ [6] 9
1 0 3
```

⑨
```
  7 [7]
+ [3] 9
1 1 6
```

⑩
```
  [5] 4
+ 8 [7]
1 4 1
```

05단계 도전! 생각이 자라는 사고력 문제   37쪽

①
```
  [2] 3            [4] 3
+ [4] 5    또는   + [2] 5
    6 8              6 8
```

②
```
  [3] 9            [3] 6
+ 4 [6]    또는   + 4 [9]
    8 5              8 5
```

③
```
  [8] 2          ( [5] 3 )
+ [5] 3          (+[8] 2 )
1 3 5            ( 1 3 5 )

또는  [8] 3       ( [5] 2 )
    + [5] 2       (+[8] 3 )
    1 3 5         ( 1 3 5 )
```

④
```
  [7] 9          ( [5] 6 )
+ [5] 6          (+[7] 9 )
1 3 5            ( 1 3 5 )

또는  [7] 6       ( [5] 9 )
    + [5] 9       (+[7] 6 )
    1 3 5         ( 1 3 5 )
```

06단계 A   39쪽

① 60 / 60	② 91 / 91
③ 73 / 73	④ 100 / 100
⑤ 63	⑥ 70
⑦ 44	⑧ 94
⑨ 64	⑩ 91
⑪ 102	⑫ 122

06단계 B   40쪽

① 63 / 29, 63	② 61 / 34, 61
③ 100 / 88, 100	④ 70 / 36, 70
⑤ 101	⑥ 72
⑦ 102	⑧ 92

① 50

② 91

③ 111

④ 100

⑤ 106

문장제 풀이

① 35+15=50

② 10이 6개, 1이 8개인 수: 68
　➡ 68+23=91

③ 10이 2개, 1이 15개인 수: 35
　➡ 35+76=111

④ 십의 자리 숫자가 4인 두 자리 수는 4□이므로 가장 큰 수는 49입니다.
　➡ 49+51=100

⑤ 십의 자리 숫자가 5인 두 자리 수는 5□이므로 가장 큰 수는 59, 둘째로 큰 수는 58입니다.
　➡ 58+48=106

①
```
  4 3
+ 1 2
─────
  5 5
```

②
```
  7 5
+ 3 4
─────
1 0 9
```

③
```
  8 7
+ 5 6
─────
1 4 3
```

④
```
  9 7
+ 2 4
─────
1 2 1
```

⑤
```
  8 6
+ 3 5
─────
1 2 1
```

⑥
```
  9 8
+ 6 7
─────
1 6 5
```

①
```
  4 2
+ 1 0
─────
  5 2
```

②
```
  8 7
+ 3 5
─────
1 2 2
```

③
```
  8 6
+ 2 5
─────
1 1 1
```

④
```
  9 7
+ 3 4
─────
1 3 1
```

⑤
```
  9 6
+ 4 5
─────
1 4 1
```

① 121

② (1) 182　(2) 49

문장제 풀이

① 가장 큰 수: 76 / 둘째로 큰 수: 74
　가장 작은 수: 46 / 둘째로 작은 수: 47
　➡ 74+47=121

② (1) 합이 가장 크려면 민수가 만든 가장 큰 두 자리 수와 소희가 만든 가장 큰 두 자리 수의 합을 구합니다.
　➡ 95+87=182
　(2) 합이 가장 작으려면 민수가 만든 가장 작은 두 자리 수와 소희가 만든 가장 작은 두 자리 수의 합을 구합니다.
　➡ 34+15=49

08단계 종합 문제 46쪽

① 70　　② 79　　③ 46

④ 69　　⑤ 58　　⑥ 99

⑦ 55　　⑧ 82　　⑨ 80

⑩ 92　　⑪ 83　　⑫ 71

08단계 종합 문제 47쪽

① 112　　② 108　　③ 128

④ 129　　⑤ 100　　⑥ 143

⑦ 115　　⑧ 100　　⑨ 173

⑩ 78　　⑪ 100　　⑫ 111

⑬ 81

08단계 종합 문제 48쪽

① 66　　② 131　　③ 93

④
```
    6 [2]
  + 1  3
  ─────
    7  5
```
⑤
```
  [4] 1
  + 2  7
  ─────
    6  8
```
⑥
```
    2  6
  + 3 [5]
  ─────
    6  1
```

⑦
```
    3 [4]
  + [1] 9
  ─────
    5  3
```
⑧
```
    4 [4]
  + 3  8
  ─────
  [8] 2
```
⑨
```
  [6] 7
  + 5  8
  ─────
  1 2 [5]
```

⑩ 110　　⑪ 108

08단계 종합 문제 49쪽

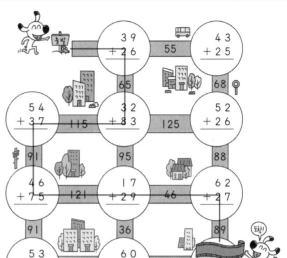

08단계 종합 문제 50쪽

힌트가 있어요!
부분을 확인하면 합이 100이 되는
두 수를 찾을 수 있어요.~!

50	30	7	64	11	90	60	22	60	32
10	70	15	81	50	33	88	4	90	47
5	20	70	15	26	90	2	98	12	23
80	39	29	5	50	49	5	3	80	53
21	17	30	45	50	32	44	50	26	73
56	36	96	37	100	24	56	34	67	33
46	54	44	25	74	40	4	16	23	57
34	51	67	85	59	79	10	58	15	9
61	29	50	15	90	63	93	25	75	46
19	71	9	95	47	82	23	65	5	8

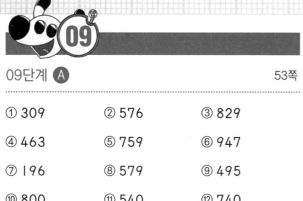

09단계 Ⓐ

53쪽

① 309	② 576	③ 829
④ 463	⑤ 759	⑥ 947
⑦ 196	⑧ 579	⑨ 495
⑩ 800	⑪ 540	⑫ 740

09단계 Ⓑ

54쪽

① 486	② 675	③ 968
④ 397	⑤ 496	⑥ 677
⑦ 884	⑧ 749	⑨ 574
⑩ 958	⑪ 778	

9단계 도전! 땅 짚고 헤엄치는 문장제

55쪽

① 699명 ② 377그루 ③ 696명 ④ 786개

① 352+347=699(명)

② 257+120=377(그루)

③ 382+314=696(명)

④ 412+374=786(개)

10단계 Ⓐ

57쪽

① 272	② 547	③ 593
④ 855	⑤ 1679	⑥ 651
⑦ 715	⑧ 1198	⑨ 890
⑩ 719	⑪ 1337	

10단계 Ⓑ

58쪽

① 625	② 492	③ 1287
④ 743	⑤ 757	⑥ 1079
⑦ 1595	⑧ 778	⑨ 573
⑩ 1898	⑪ 680	⑫ 419

10단계 Ⓒ

59쪽

① 1167	② 527	③ 480
④ 1565	⑤ 596	⑥ 936
⑦ 754	⑧ 1399	⑨ 872

10단계 도전! 생각이 자라는 사고력 문제

60쪽

| ① 473 | ② 734 | ③ 500 |
| ④ 632 | ⑤ 1080 | |

① 257+216=473 (cm²)

② 306+428=734 (cm²)

③ 240+260=500 (cm²)

④ 316+316=632 (cm²)

⑤ 540+540=1080 (cm²)

11

① 725킬로칼로리　　② 540 mL

③ 322명　　④ 1137 m

문장제 풀이

> ① 278＋447＝725(킬로칼로리)
>
> ② 355＋185＝540 (mL)
>
> ③ 157＋165＝322(명)
>
> ④ 478＋659＝1137 (m)

11단계 A　　62쪽

① 620	② 1063	③ 903
④ 1183	⑤ 1316	⑥ 565
⑦ 1393	⑧ 1207	⑨ 731
⑩ 1460	⑪ 1158	

11단계 B　　63쪽

① 1038	② 535	③ 1290
④ 924	⑤ 1305	⑥ 1067
⑦ 352	⑧ 1191	⑨ 1537
⑩ 1091	⑪ 1347	

11단계 C　　64쪽

① 1000	② 1210	③ 1060
④ 1370	⑤ 1102	⑥ 1754
⑦ 1206	⑧ 1312	⑨ 1461
⑩ 1231	⑪ 1217	

11단계 D　　65쪽

① 1320	② 1113	③ 1303
④ 1063	⑤ 1111	⑥ 1205
⑦ 1701	⑧ 1501	⑨ 1143
⑩ 1434	⑪ 1630	

12

12단계 A　　68쪽

① 405	② 500	③ 501
④ 1110	⑤ 1114	⑥ 1053
⑦ 852	⑧ 913	⑨ 1000
⑩ 1030	⑪ 1538	⑫ 1427

12단계 B　　69쪽

① 300	② 600	③ 821
④ 1032	⑤ 1292	⑥ 1600
⑦ 510	⑧ 756	⑨ 1343
⑩ 1338	⑪ 1040	⑫ 1902

① × / 330　　　② × / 1013

③ ○　　　　　④ × / 1020

 사고력 풀이

① 받아올림한 수를 함께 계산하지 않았습니다.

② 십, 백의 자리 계산에서 틀렸습니다.

④ 백의 자리 계산에서 틀렸습니다.

13단계 Ⓐ　　　72쪽

① 517+198=715
```
    200―2
    717
      715
```

② 243+299=542
```
    300―1
    543
      542
```

③ 438+297=735
```
    300―3
    738
      735
```

④ 135+496=631
```
    500―4
    635
      631
```

⑤ 219+595=814
```
    600―5
    819
      814
```

⑥ 413+298=711
```
    300―2
    713
      711
```

⑦ 824　　　　　⑧ 743

13단계 Ⓑ　　　73쪽

① 348+203=551
```
    200+3
    548
      551
```

② 539+104=643
```
    100+4
    639
      643
```

③ 169+507=676
```
    500+7
    669
      676
```

④ 226+308=534
```
    300+8
    526
      534
```

⑤ 349+102=451
```
    100+2
    449
      451
```

⑥ 219+706=925
```
    700+6
    919
      925
```

⑦ 861　　　　　⑧ 976

13단계 Ⓒ　　　74쪽

① 2 / 546, 2 / 544　　　② 4 / 848, 4 / 844

③ 1 / 767, 1 / 766　　　④ 3 / 829, 3 / 826

⑤ 3 / 546, 3 / 549　　　⑥ 5 / 737, 5 / 742

⑦ 4 / 528, 4 / 532　　　⑧ 6 / 796, 6 / 802

① + / 623　　② + / 667　　③ + / 774

④ − / 763　　⑤ − / 925　　⑥ − / 869

① ②, ③ 더하기 쉬운 수(몇백)만큼을 먼저 더한 다음 남은 수를 더합니다.

④, ⑤, ⑥ 더하기 쉬운 수(몇백)로 바꾸어 더한 다음 더 더한 수만큼 뺍니다.

14단계 Ⓐ 77쪽

① 511/

```
  1 8 5      → 3 4 2
+ 1 5 7        + 1 6 9
  3 4 2 ─      5 1 1
```

② 1233/

```
  2 9 8      → 4 4 7
+ 1 4 9        + 7 8 6
  4 4 7 ─      1 2 3 3
```

③ 1200/

```
  1 6 4      → 6 0 2
+ 4 3 8        + 5 9 8
  6 0 2 ─      1 2 0 0
```

④ 801/

```
  1 7 2      → 5 1 6
+ 3 4 4        + 2 8 5
  5 1 6 ─      8 0 1
```

⑤ 812/

```
  1 9 5      → 4 3 8
+ 2 4 3        + 3 7 4
  4 3 8 ─      8 1 2
```

⑥ 1020/

```
  4 7 6      → 6 4 1
+ 1 6 5        + 3 7 9
  6 4 1 ─      1 0 2 0
```

① $175+158+187=$ 520
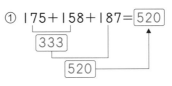
333
520

② $398+279+248=$ 925
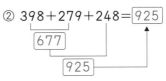
677
925

③ $253+369+288=$ 910
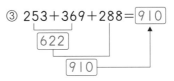
622
910

④ $292+149+469=$ 910
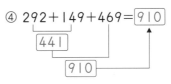
441
910

⑤ $427+195+279=$ 901
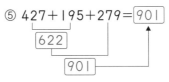
622
901

⑥ $285+158+369=$ 812
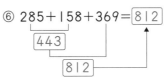
443
812

⑦ $149+456+346=$ 951
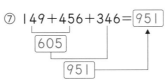
605
951

⑧ $376+187+787=$ 1350
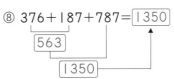
563
1350

14단계 C 79쪽

① 866 ② 853 ③ 1094

④ 798 ⑤ 1029 ⑥ 880

⑦ 1212 ⑧ 820 ⑨ 1310

⑩ 911 ⑪ 1964

14단계 도전! 땅 짚고 헤엄치는 문장제 80쪽

① 539 ② 507 ③ 863 ④ 971권

① 163+149+227=539

② 219에 132를 더한 값: 219+132=351
➡ 351+156=507

③ 415+302+146=863

④ 263+330+378=971(권)

15단계 A 82쪽

① 610 / 610 ② 533 / 533

③ 403 / 403 ④ 632 / 632

⑤ 483, 713 ⑥ 1000

⑦ 771 ⑧ 927

15단계 B 83쪽

① 343 / 1043 ② 876 / 1125

③ 1023 ④ 1004

⑤ 800 ⑥ 920

⑦ 930 ⑧ 970

15단계 도전! 땅 짚고 헤엄치는 문장제 84쪽

① 653 ② 723

③ 820 ④ 722

⑤ 1000 ⑥ 1232

① 453+200=653

② 137+586=723

③ 100이 6개, 10이 4개, 1이 7개인 수: 647
➡ 647+173=820

④ 100이 3개, 10이 16개, 1이 4개인 수: 464
➡ 464+258=722

⑤ 백의 자리 숫자가 6인 세 자리 수 중에서 가장 큰 수는 699입니다.
➡ 699+301=1000

⑥ 백의 자리 숫자가 9인 세 자리 수 중에서 가장 큰 수는 999, 둘째로 큰 수는 998입니다.
➡ 998+234=1232

16

16단계 Ⓐ
86쪽

① 367 + 214 = 581

② 233 + 246 = 479

③ 326 + 524 = 850

④ 315 + 419 = 734

⑤ 324 + 648 = 972

⑥ 753 + 843 = 1596

⑦ 197 + 624 = 821

⑧ 377 + 148 = 525

⑨ 855 + 379 = 1234

⑩ 698 + 137 = 835

⑪ 446 + 175 = 621

⑫ 765 + 549 = 1314

⑦ 129 + 584 = 713

⑧ 176 + 869 = 1045

⑨ 587 + 926 = 1513

⑩ 237 + 305 = 542

⑪ 659 + 744 = 1403

⑫ 975 + 576 = 1551

16단계 Ⓒ
88쪽

① 479 + 241 = 720

② 864 + 758 = 1622

③ 187 + 236 = 423

④ 272 + 298 = 570

⑤ 254 + 647 = 901

⑥ 755 + 665 = 1420

⑦ 176 + 268 = 444

⑧ 559 + 347 = 906

⑨ 569 + 479 = 1048

⑩ 378 + 254 = 632

⑪ 647 + 198 = 845

⑫ 915 + 186 = 1101

16단계 Ⓑ
87쪽

① 392 + 178 = 570

② 149 + 265 = 414

③ 378 + 654 = 1032

④ 165 + 157 = 322

⑤ 587 + 384 = 971

⑥ 938 + 468 = 1406

① 4　　　　　　② 5

③ 7　　　　　　④ 9

⑤ 9 / 1　　　　⑥ 9 / 2

사고력 풀이

- 받아올림한 수를 함께 계산하지 않아도 되는 일의 자리를 계산해 봅니다.
  ① ■+■=8 ➡ ■=4
- 모든 자리의 계산 결과가 같지 않다면 받아올림이 있습니다.
  ② ▲+▲=10 ➡ ▲=5
  ③ ◆+◆=14 ➡ ◆=7
  ④ ★+★=18 ➡ ★=9
- 세 자리 수끼리의 합이 네 자리 수가 되면 백의 자리에서 받아올림이 있고, 이때 천의 자리 수는 1입니다.
  ⑤ ●=1
  　■+●=10 ➡ ■=9

⑥
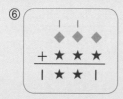

일의 자리 계산: ◆+★=11
백의 자리 계산: 1+◆+★=1+11=12가
　　　　　　　1★이므로 ★=2,
　　　　　　　◆+★=◆+2=11
　　　　　　　➡ ◆=9

17

① 470　　　② 282　　　③ 677

④ 535　　　⑤ 855　　　⑥ 1169

⑦ 433　　　⑧ 1351　　　⑨ 807

⑩ 1121　　　⑪ 1113　　　⑫ 1572

① 592　　　② 1103　　　③ 778

④ 597　　　⑤ 645　　　⑥ 1164

⑦ 1541　　　⑧ 1040　　　⑨ 1227

⑩ 854　　　⑪ 860　　　⑫ 811

⑬ 1158

① 657　　　　　② 569

③ 586　　　　　④ 810

⑤ 493

⑥
```
    1 4 3
  + 6 3 8
    7 8 1
```

⑦
```
    3 3 4
  + 1 7 5
    5 0 9
```

⑧
```
    2 7 6
  + 1 3 7
    4 1 3
```

⑨
```
    5 1 4
  + 5 7 8
  1 0 9 2
```

⑩
```
    3 9 5
  + 8 2 3
  1 2 1 8
```

⑪
```
    6 2 8
  + 7 1 4
  1 3 4 2
```

17단계 종합 문제

93쪽

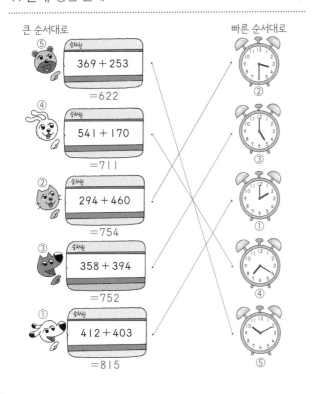

큰 순서대로

빠른 순서대로

⑤ 369 + 253 = 622

④ 541 + 170 = 711

② 294 + 460 = 754

③ 358 + 394 = 752

① 412 + 403 = 815

18

18단계 Ⓐ

97쪽

① 3800	② 2920	③ 4800
④ 5870	⑤ 7690	⑥ 8550
⑦ 7479	⑧ 8698	⑨ 6945
⑩ 8779	⑪ 3957	⑫ 9949

18단계 Ⓑ

98쪽

① 2986	② 3778	③ 5695
④ 5787	⑤ 6798	⑥ 6748
⑦ 7995	⑧ 7755	⑨ 8579
⑩ 5959	⑪ 4688	⑫ 9889

17단계 종합 문제

94쪽

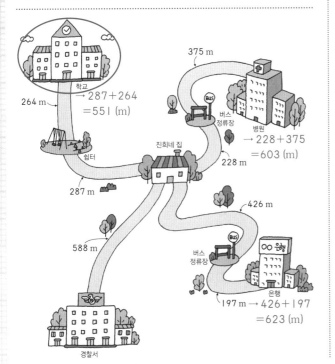

학교
264 m → 287 + 264 = 551 (m)

쉼터
287 m

588 m

경찰서

375 m

버스 정류장

병원 → 228 + 375 = 603 (m)
228 m

진희네 집

426 m

버스 정류장

은행
197 m → 426 + 197 = 623 (m)

18단계 도전! 땅 짚고 헤엄치는 문장제

99쪽

① 2697명	② 2979명
③ 2356개	④ 2048 m

문장제 풀이

① 2544 + 153 = 2697(명)

② 1362 + 1617 = 2979(명)

③ 1304 + 1052 = 2356(개)

④ 1024 + 1024 = 2048 (m)

19

19단계 Ⓐ

101쪽

① 3683 ② 4926 ③ 3458

④ 6827 ⑤ 7347 ⑥ 4691

⑦ 8276 ⑧ 5772 ⑨ 8886

⑩ 7958 ⑪ 9492 ⑫ 9756

19단계 Ⓑ

102쪽

① 4905 ② 4187 ③ 8792

④ 4918 ⑤ 8567 ⑥ 4708

⑦ 5983 ⑧ 7098 ⑨ 5973

⑩ 9795 ⑪ 7919

19단계 도전! 생각이 자라는 사고력 문제

103쪽

①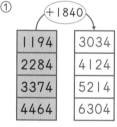

②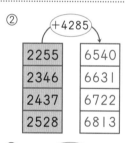

③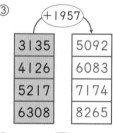

④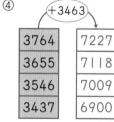

⑤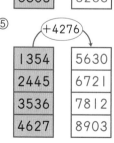

20

20단계 Ⓐ

105쪽

① 5110 ② 7502 ③ 4000

④ 3335 ⑤ 9110 ⑥ 6542

⑦ 5013 ⑧ 8124 ⑨ 7000

⑩ 12428 ⑪ 13161

20단계 Ⓑ

106쪽

① 3030 ② 4423 ③ 5311

④ 5602 ⑤ 6251 ⑥ 6735

⑦ 7400 ⑧ 5301 ⑨ 8103

⑩ 12361 ⑪ 11712 ⑫ 10424

20단계 도전! 땅 짚고 헤엄치는 문장제

107쪽

① 3153개 ② 4133개

③ 10200원 ④ 3136 m

문장제 풀이

① 1894+1259=3153(개)

② 2294+1839=4133(개)

③ 8500+1700=10200(원)

④ 1568+1568=3136 (m)

21

21단계 Ⓐ
109쪽

① 2612   ② 4055   ③ 7321

④ 3064   ⑤ 5700   ⑥ 9243

⑦ 5201   ⑧ 7127   ⑨ 10213

⑩ 11110   ⑪ 11110   ⑫ 11110

21단계 Ⓑ
110쪽

① 4390   ② 7142   ③ 5426

④ 3632   ⑤ 7403   ⑥ 9000

⑦ 6550   ⑧ 8998   ⑨ 8411

⑩ 10125   ⑪ 17006   ⑫ 14221

21단계 도전! 땅 짚고 헤엄치는 문장제
111쪽

① 2014명   ② 4087명

③ 2443 mL   ④ 3095자루

문장제 풀이

① 1027+987=2014(명)

② 1984+2103=4087(명)

③ 1084+1359=2443 (mL)

④ 1890+1205=3095(자루)

22

22단계 Ⓐ
113쪽

①
$$\begin{array}{r} 653 \\ + 651 \\ \hline 1304 \end{array}$$

②
$$\begin{array}{r} 852 \\ + 850 \\ \hline 1702 \end{array}$$

③
$$\begin{array}{r} 874 \\ + 872 \\ \hline 1746 \end{array}$$

④
$$\begin{array}{r} 765 \\ + 764 \\ \hline 1529 \end{array}$$

⑤
$$\begin{array}{r} 982 \\ + 928 \\ \hline 1910 \end{array}$$

⑥
$$\begin{array}{r} 964 \\ + 946 \\ \hline 1910 \end{array}$$

22단계 Ⓑ
114쪽

①
$$\begin{array}{r} 123 \\ + 129 \\ \hline 252 \end{array}$$

②
$$\begin{array}{r} 235 \\ + 237 \\ \hline 472 \end{array}$$

③
$$\begin{array}{r} 145 \\ + 146 \\ \hline 291 \end{array}$$

④
$$\begin{array}{r} 357 \\ + 358 \\ \hline 715 \end{array}$$

⑤
$$\begin{array}{r} 579 \\ + 597 \\ \hline 1176 \end{array}$$

⑥
$$\begin{array}{r} 469 \\ + 496 \\ \hline 965 \end{array}$$

① 1968　　　② 811　　　③ 1839 / 381

문장제 풀이

① 합이 가장 크려면 (가장 큰 수)+(둘째로 큰 수)를
　구합니다.
　➡ 986+982=1968

② 합이 가장 작으려면 (가장 작은 수)+(둘째로 작은
　수)를 구합니다.
　➡ 405+406=811

③ 합이 가장 클 때: 예 975+864=1839
　합이 가장 작을 때: 예 135+246=381

23

23단계 Ⓐ　　　　　　　　117쪽

① 1320 / 1770　　　② 1040 / 1320

③ 1570 / 2460　　　④ 1525 / 2148

⑤ 4844 / 5513　　　⑥ 2977 / 3636

⑦ 3639 / 6274

23단계 Ⓑ　　　　　　　　118쪽

① 5872　　　② 9019　　　③ 8086

④ 8975　　　⑤ 5105　　　⑥ 5156

⑦ 6783　　　⑧ 9466　　　⑨ 8871

① 407　　　　　　② 2569, 3305

③ 1094　　　　　　④ 6488

문장제 풀이

① ●−168=71 ➡ ●=71+168=239
　●+168=239+168=407

② ●−736=1833 ➡ ●=1833+736=2569
　●+736=2569+736=3305

③ 어떤 수를 ●라고 하면,
　바르게 계산한 식은 596+●입니다.
　596−●=98 ➡ ●=596−98=498
　바르게 계산하면 596+498=1094입니다.

④ 어떤 수를 ●라고 하면,
　바르게 계산한 식은 ●+1023입니다.
　●−1023=4442
　➡ ●=4442+1023=5465
　바르게 계산하면 5465+1023=6488입니다.

24

24단계 종합 문제　　　　　　　　120쪽

① 2448　　　② 4868　　　③ 7697

④ 7338　　　⑤ 4558　　　⑥ 9656

⑦ 9367　　　⑧ 7206　　　⑨ 9144

⑩ 6221　　　⑪ 5604　　　⑫ 8100

24단계 종합 문제 121쪽

① 5858　② 4646　③ 6788

④ 6753　⑤ 6241　⑥ 6237

⑦ 7575　⑧ 6195　⑨ 7404

⑩ 9580　⑪ 2912　⑫ 8536

24단계 종합 문제 122쪽

① 3149　② 7262　③ 6868

④ 5653　⑤ 8179　⑥ 9230

⑦ 5075　⑧ 8719　⑨ 2981

⑩ 7694　⑪ 5266　⑫ 4878

24단계 종합 문제 123쪽

① [1 | 8 | 9 | 9]

② [1 | 4 | 9 | 9]

③ [1 | 7 | 2 | 1]

④ [1 | 0 | 3 | 3]

24단계 종합 문제 124쪽

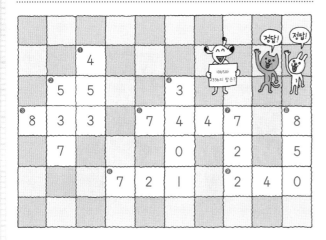

덧셈 훈련 끝!
여기까지 온 바빠 친구들!
정말 대단해요~.

하~ 자꾸 분수만
틀리네?
분수만 모아 놓은
문제집 어디 없나?

이 책의 **26가지** 질문에
답할 수 있으면
3·4학년 분수 완성!

**개념
잡기**

26가지 호기심 질문으로 분수 개념을 잡는다!
개념을 그림으로 설명하니 이해가 쉽다!

개념 이해부터
연산 훈련까지

**연산
훈련**

개념 확인 문제로 훈련하고 문장제로 마무리!
분수 개념 훈련부터 분수 연산까지 한 번에 해결!

**분수
총정리**

3·4학년에 흩어져 배우는 분수를 한 권으로 총정리!
모아서 정리하니 초등 분수의 기초가 잡힌다!

📖 결손 보강용   3·4학년용 '바빠 연산법'

덧셈

뺄셈

곱셈   나눗셈

바쁜 1·2학년용, 바쁜 5·6학년용, 바쁜 중1용도 있습니다.